西门子 S7 – 200 PLC
应用技术

张　淼　王永东　主　编
李　丹　徐　凯　副主编

北京理工大学出版社
BEIJING INSTITUTE OF TECHNOLOGY PRESS

内 容 简 介

本教材以西门子 S7-200 为例,介绍了 PLC 的工作原理、硬件结构、指令系统和编程软件的使用方法等内容。内容包括初识 PLC 控制系统、定时器在交通灯控制系统中的应用、计数器在控制系统中的应用、顺序控制继电器(SCR)指令、PLC 控制系统应用 5 个项目,每个项目由 4 个任务组成,其中每个任务由任务目标、任务分析、背景知识、任务实施、知识链接、思考与练习组成。教材组织以 PLC 的基本技能训练为主,做到能根据任务目标设计控制程序,正确连线,进行程序监控调试与模拟。

本书可作为高职高专院校机电类各专业教材,也可供工程技术人员自学。

图书在版编目(CIP)数据

西门子 S7-200 PLC 应用技术/张淼,王永东主编.—北京:北京理工大学出版社,2017.2(2023.8重印)

ISBN 978-7-5682-3598-3

Ⅰ.①西…　Ⅱ.①张…②王…　Ⅲ.①PLC 技术-高等学校-教材　Ⅳ.①TM571.6

中国版本图书馆 CIP 数据核字(2017)第 015758 号

出版发行 / 北京理工大学出版社有限责任公司

社　　址 / 北京市海淀区中关村南大街 5 号

邮　　编 / 100081

电　　话 / (010)68914775(总编室)
　　　　　　(010)82562903(教材售后服务热线)
　　　　　　(010)68944723(其他图书服务热线)

网　　址 / http://www.bitpress.com.cn

经　　销 / 全国各地新华书店

印　　刷 / 三河市天利华印刷装订有限公司

开　　本 / 787 毫米 × 1092 毫米　1/16

印　　张 / 14.5　　　　　　　　　　　　　责任编辑 / 王艳丽

字　　数 / 341 千字　　　　　　　　　　　文案编辑 / 王艳丽

版　　次 / 2017 年 2 月第 1 版　2023 年 8 月第 6 次印刷　　责任校对 / 周瑞红

定　　价 / 42.00 元　　　　　　　　　　　责任印制 / 李志强

图书出现印装质量问题,请拨打售后服务热线,本社负责调换

前言
Preface

　　本教材以西门子 S7 - 200 为例，介绍了可编程控制器（PLC）的工作原理、硬件结构、指令系统和编程软件的使用方法等内容。我们坚持高职教育培养技术型应用人才的目标，从工程实际出发，把基本理论和基础技能有机地融入一个个项目的任务中，内容由易到难，循序渐进，使读者在简单的实际应用中领悟 PLC 编程的技巧和方法，通过不断的学习和完成任务的锻炼，使读者能逐步了解系统设计过程、设计要求、应完成的工作内容和具体的设计方法，为后续课程及毕业后从事工业生产打下良好的基础。

　　本教材在内容上分为 5 个部分，即 5 个项目，每个项目由 4 个任务组成，其中每个任务由任务目标、任务分析、背景知识、任务实施、知识链接和思考与练习组成。我们遵循的原则是：

　　1. 内容安排由浅入深，遵循循序渐进的原则；

　　2. 任务涵盖全面，体现以能力为本位的职教特点，具有实用性和可实现性；

　　3. 知识内容以"必需"和"够用"为原则，不过分探究理论推导，以实际应用为重点；

　　4. 以 PLC 的基本技能训练为主，做到能根据任务目标设计控制程序，正确连线，进行程序监控调试与模拟。

　　本书可作为高职高专院校机电类各专业教材，也可供工程技术人员自学。

　　本教材在编写过程中，参考了一些书刊内容，并引用了其中一些资料，难以一一列举，在此一并向相关作者表示衷心的感谢。

　　因作者水平有限，书中难免有错漏之处，恳请读者批评指正。

编　者

目录
Contents

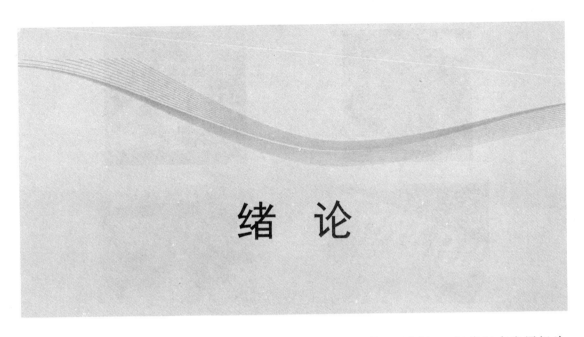

绪　论

　　可编程控制器（Programmable Logic Control，PLC），是 20 世纪 60 年代以来发展极为迅速、应用极为广泛的工业控制装置，是现代工业自动化的三大支柱之首。当今 PLC 汲取了微电子技术和计算机技术的最新成果，从单机自动化到整条生产线的自动化乃至整个工厂的生产自动化，从柔性制造系统、工业机器人到大型分散控制系统，PLC 均承担着重要角色。

　　下面就部分 PLC 外形作简单介绍。

一、常用 PLC 型号及外形

　　目前国际上各 PLC 生产厂商均推出了各自的产品，主要有三菱公司的 FX 系列、西门子 S7 系列、松下的 FP 系列以及欧姆龙、富士、施耐德等各系列的 PLC，其外形如图 0 - 1 所示。

(a)　　　　　　　　　　　　　　　　　(b)

图 0 - 1　各种 PLC 外形

(a) 三菱 FX1S/FX1N 系列 PLC；(b) 三菱 FX2N 系列 PLC

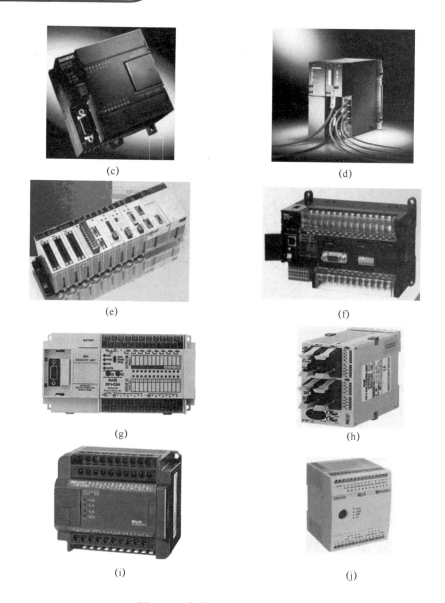

图0-1 各种PLC外形 (续图)

(c) 西门子S7-200系列PLC; (d) 西门子新一代S7-400系列PLC; (e) 欧姆龙C200H系列PLC;

(f) 欧姆龙CP1H系列PLC; (g) 松下FP1系列PLC; (h) 松下FP∑系列PLC;

(i) 富士PLC; (j) 施耐德PLC

二、PLC 的功能简介

由图0-1所示的各PLC外形可见，PLC基本上是一个长方形箱体，其上有与外界连接导线的各种端子。事实上，PLC是一个电信号的信息处理系统，任何系统都要有输入和输出，箱体上的各种端子，一部分属于输入端子，另一部分属于输出端子。通过输入端子，PLC可以接收来自各种工况的电信号，然后被PLC所处理，最后PLC将处理后的结果，通过输出端子输送到工况环境，控制各种设备或仪器工作，达到自动控制的目的。

三、PLC 在工业上的部分应用

PLC 在工业上的部分应用如图 0-2 所示。

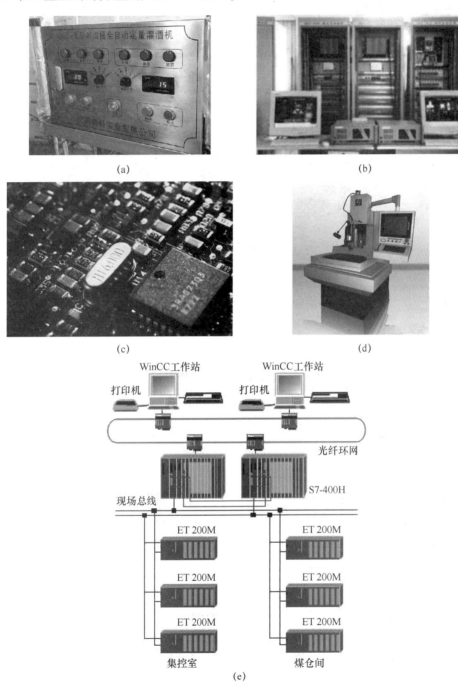

(a)　　　　　　　　　　　　(b)

(c)　　　　　　　　　　　　(d)

(e)

图 0-2　PLC 在工业上的部分应用

（a）PLC 在双表显示中的应用；（b）PLC 在水汽集中取样自控系统中的应用；

（c）PLC 在电池清洗设备中的应用；（d）PLC 在可编程数控底孔加工机中的应用；

（e）PLC 在电厂输煤程控系统改造中的应用

(f)

图0-2 PLC在工业上的部分应用（续图）

（f）PLC在工业机器人中的应用

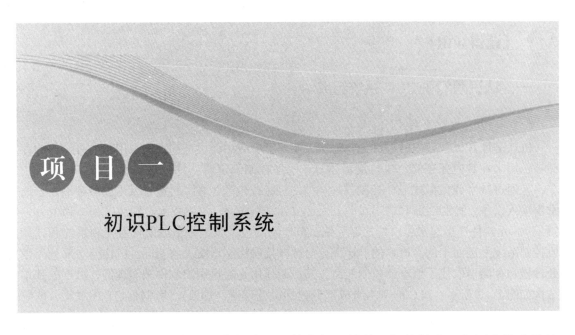

项目一

初识PLC控制系统

可编程控制器（PLC）制造厂家较多，目前市场上品种、规格繁多，各厂家均独具特色，但一般来说，PLC控制系统包括两部分，一部分是硬件系统，另一部分是软件系统。PLC的硬件基本组成主要由微处理器（CPU）、存储器、I/O单元、电源单元和编程器等五大部分组成。软件系统主要是编制的各种程序。PLC的工作方式均采用"循环扫描，周而复始"。其工作过程实质上就是CPU扫描程序的执行过程。为进一步认识PLC控制系统，下面分4个任务来进行学习。

任务一　彩灯控制

 【任务目标】

（1）掌握西门子PLC的系统组成及其工作原理。
（2）掌握S7-200系列PLC编程软件的使用。
（3）熟悉PLC的工作过程。

【任务分析】

节日彩灯的亮暗变化，给节日带来无穷乐趣，现有一彩灯，通过PLC来实现它的亮暗控制，控制电路如图1-1所示。

控制要求：① 按下SB按钮，彩灯HL亮。
　　　　　② 松开SB按钮，彩灯HL灭。

如何用PLC实现本任务呢？PLC是什么？其结构如何？下面通过本任务学习来解决这些问题。

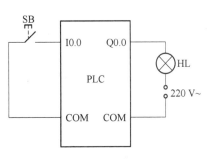

图1-1　彩灯控制电路

【背景知识】

一、认识西门子PLC系统组成

（一）PLC的基本结构

PLC是计算机家族中的一员，专为在工业环境中应用而设计的。它采用一类可编程的存储器，用来在其内部存储、执行逻辑运算、顺序控制、定时、计数与算术运算等操作的指令，并通过数字或模拟式I/O控制各种类型的机械或生产过程。传统的继电接触控制系统通常由输入设备、控制线路和输出设备三大部分组成，如图1-2所示。显然这是一种由许多"硬"的元器件连接起来组成的控制系统，PLC及其控制系统是从继电接触控制系统和计算机控制系统发展而来的，PLC的I/O部分与继电接触控制系统大致相同，PLC控制部分用微处理器和存储器取代了继电器控制线路，其控制作用是通过用户软件来实现的。PLC的基本结构如图1-3所示，PLC的基本组成部分包括微处理器（CPU）、存储器、I/O单元、电源单元和编程器等。

图1-2　继电接触控制系统

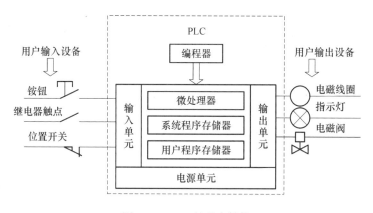

图1-3　PLC的基本结构

1. 微处理器（CPU）

CPU一般由控制器、运算器和寄存器组成，这些电路都集成在一个芯片上。与一般计算机一样，CPU是PLC的核心，它按系统程序赋予的功能指挥PLC有条不紊地工作。

不同型号PLC的CPU芯片是不同的，有的采用通用CPU芯片，如8031、8051、8086、80826等，也有采用厂家自行设计的专用CPU芯片（如西门子公司的S7-200系列PLC均采用其自行研制的专用芯片，如图1-4所示），随着CPU芯片技术的不断发展，PLC所用的CPU芯片也越来越高档。

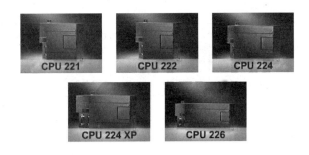

图 1 - 4 S7 - 200 系列 CPU 种类

S7 - 200 CPU 有 CPU 21X 和 CPU 22X 两个系列，CPU 21X 包括 CPU 212、CPU 214、CPU 215 和 CPU 216，是第一代产品，主机都可进行扩展，本书不作介绍。CPU 22X 包括 CPU 221、CPU 222、CPU 224、CPU 224XP、CPU 226 和 CPU 226XM，CPU 22X 是第二代产品，具有速度快、通信能力强等特点，其主机外形示意图如图 1 - 5 所示。

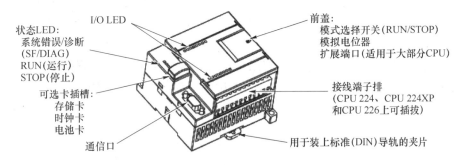

图 1 - 5 CPU 22X 主机外形示意图

CPU 的主要功能如下：

（1）接收并存储用户程序和数据。

（2）诊断电源、PLC 工作状态及编程的语法错误。

（3）接收输入信号，送入数据寄存器并保存。

（4）运行时顺序读取、解释、执行用户程序，完成用户程序的各种操作。

（5）将用户程序的执行结果送至输出端。

S7 - 200 系列 CPU 的特性表如表 1 - 1 所示。

表 1 - 1 CPU 22X 特性表

特征	CPU 221	CPU 222	CPU 224	CPU 224XP	CPU 226
数字输入	6	8	14	14	24
数字输出	4	6	10	10	16
数字输入/输出的最大值	10	78	168	168	248
模拟输入	0	8	28	30	28
模拟输出	0	4	14	15	14

7

续表

特征	CPU 221	CPU 222	CPU 224	CPU 224XP	CPU 226
模拟输入/输出的最大值	0	10	35	38	35
程序内存	4	4	8/12	12/16	16/24
数据内存	2	2	8	10	10

注意：CPU 芯片的性能关系到 PLC 处理控制信号的能力与速度，CPU 位数越高，系统处理的信息量越大，运算速度也越快。

2. 存储器

PLC 的存储器可以分为系统程序存储器、用户程序存储器及工作数据存储器等 3 种。

1）系统程序存储器

系统程序存储器用来存放由 PLC 生产厂家编写的系统程序，并固化在 ROM 内，用户不能直接更改。系统程序质量的好坏，很大程度上决定了 PLC 的性能。其内容主要包括 3 个部分：第一部分为系统管理程序，它主要控制 PLC 的运行，使整个 PLC 按部就班地工作；第二部分为用户指令解释程序，通过用户指令解释程序，将 PLC 的编程语言变为机器语言指令，再由 CPU 执行这些指令；第三部分为标准程序模块与系统调用程序，它包括许多不同功能的子程序及其调用管理程序，如完成输入、输出及特殊运算等的子程序。PLC 的具体工作都是由这部分程序来完成的，这部分程序决定了 PLC 性能的强弱。

2）用户程序存储器

根据控制要求而编制的应用程序称为用户程序。用户程序存储器用来存放用户针对具体控制任务，用规定的 PLC 编程语言编写的各种用户程序。目前较先进的 PLC 采用可随时读写的快闪存储器作为用户程序存储器。快闪存储器不需后备电池，掉电时数据也不会丢失。

3）工作数据存储器

工作数据存储器用来存储工作数据，即用户程序中使用的 ON/OFF 状态、数值数据等。

在工作数据区中开辟有元件映像寄存器和数据表。其中元件映像寄存器用来存储开关量、输出状态以及定时器、计数器、辅助继电器等内部器件的 ON/OFF 状态。数据表用来存放各种数据，它存储用户程序执行时的某些可变参数值及 A/D 转换得到的数字量和数学运算的结果等。

注意：PLC 产品手册中给出的"存储器类型"和"程序容量"是针对用户程序存储器而言的。

3. 输入/输出（I/O）单元

I/O 接口是 PLC 与外界连接的接口，是 CPU 与现场 I/O 装置或其他外部设备之间的连接部件。

输入接口用来接收和采集两种类型的输入信号：一类是由按钮、选择开关、行程开关、继电器触点、接近开关、光电开关、数字拨码开关等的开关量输入信号；另一类是由电位器、测速发电机和各种变送器等的模拟量输入信号。

输出接口用来连接被控对象中各种执行元件，如接触器、电磁阀、指示灯、调节阀

（模拟量）和调速装置（模拟量）等。

 注意：I/O的能力可按用户的需要进行扩展和组合。

4. 编程器

编程器有简易编程器和智能图形编程器两种，主要用于编程、对系统作一些设定、监控PLC及PLC所控制的系统的工作状况。编程器是PLC开发应用、监测运行、检查维护不可缺少的器件。

注意：编程器不直接加入现场控制运行。一台编程器可开发、监护多台PLC的工作。

5. 电源

对于每个型号，西门子厂家都提供直流24 V和交流120 V/240 V两种电源供电的CPU类型。可在主机模块外壳的侧面看到电源规格。

输入接口电路也分有连接外信号源直流和交流两种类型。输出接口电路主要有两种类型，即交流继电器输出型和直流晶体管输出型。CPU 22X系列PLC可提供5个不同型号的11种基本单元CPU供用户选用，其类型及参数如表1-2所列。

表1-2 S7-200系列CPU的电源

型 号	电源/输入/输出类型	主机I/O点数
CPU 221	DC/DC/DC	6输入/4输出
	AC/DC/继电器	
CPU 222	DC/DC/DC	8输入/6输出
	AC/DC/继电器	
CPU 224	DC/DC/DC	14输入/10输出
	AC/DC/继电器	
	AC/DC/继电器	
CPU 226	DC/DC/DC	24输入/16输出
	AC/DC/继电器	
CPU 226XM	DC/DC/DC	24输入/16输出
	AC/DC/继电器	

注：表中的电源/输入/输出类型的含义：

如为DC/DC/DC，则表示电源输入类型为直流24 V，输出类型为直流24 V晶体管型。

如为AC/DC/继电器，则表示电源类型为交流220 V，输入类型为直流24 V，输出类型为继电器型。

CPU 22X电源供电接线如图1-6所示。

注意：为防止因外部电源发生故障，造成PLC内部重要数据丢失，故一般备有后备电源。在安装和拆除S7-200之前，必须确认该设备的电源已断开，并遵守相应的安全防护规范。如果在带电情况下对S7-200及相关设备进行安装或接线有可能导致电击和设备损坏。

6. 扩展接口

扩展接口用于扩展PLC的I/O端子数。当PLC本身提供的I/O端子数量满足不了要求

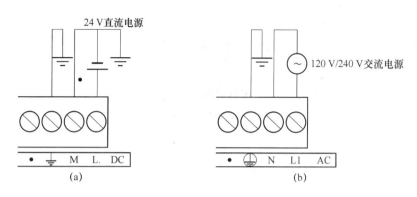

图1-6 CPU 22X电源供电接线

(a) 直流供电；(b) 交流供电

时，可通过此端口用电缆将I/O扩展模块与主机单元相连。

7. 通信接口

PLC通过通信接口可以与显示设定单元、触摸屏、打印机相连，也可以与其他PLC或上位计算机相连，以此来实现"人—机"或"机—机"对话的要求。

（二）S7-200系列PLC的I/O接线

下面以CPU 226 CN AC/DC/RLY模块的输入、输出单元的接线为例来说明S7-200系列PLC的I/O接线。CPU 226 CN指的是主机型号，AC指的是主机电源类型是交流的，DC指的是主机电源类型是直流的，RLY指的是该主机输出模块是继电器类型。图1-7所示是CPU 226 CN AC/DC/继电器模块接线。

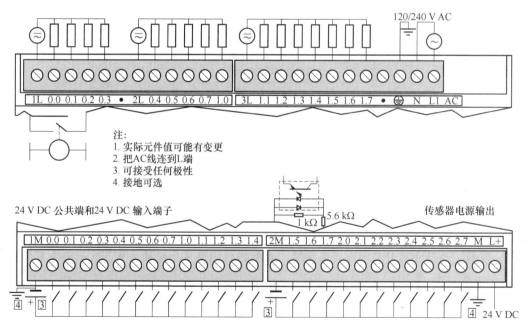

图1-7 CPU 226 CN AC/DC/RLY模块接线

CPU 226 CN AC/DC/RLY 型 PLC 共有 24 个数字量输入、16 个数字量输出，无模拟量的输入和输出端口。24 个数字量输入端子被分成两组：第一组由 I0.0 ~ I0.7 和 I1.0 ~ I1.4 与公共端 1 M 组成；第二组由 I1.5 ~ I1.7 和 I2.0 ~ I2.7 与公共端 2 M 组成，每个外部输入的开关信号一端接至输入端子，另一端经一个直流电源接至公共端。输入电路的直流电源可由外部提供，也可由 PLC 自身的 M、L + 两个端子提供。16 个数字量输出端子分成 3 组：第一组由 Q0.0 ~ Q0.3 与公共端 1 L 组成；第二组由 Q0.4 ~ Q0.7 和 Q1.0 与公共端 2 L 组成；第三组由 Q1.1 ~ Q1.7 与公共端 3 L 组成。每个负载的一端与输出端子相连，另一端经电源与公共端相连。由于是继电器输出方式，所以既可以带直流负载，也可以带交流负载，负载的激励源由负载性质确定。输出端子排的右端 N、L1 端子是供电电源 AC 220 V 输入端。

PLC 数字量输入端子所接的设备主要有按钮、行程开关、转换开关以及控制过程中自动检测的温度、压力等信号开关。PLC 数字量输出端子所接的设备主要有接触器线圈、继电器线圈、照明灯和电磁阀线圈等。

二、S7 - 200 系列 PLC 编程软件使用

PLC 控制系统除了硬件接线外，还需要进行程序编制。下面就来学习如何使用 PLC 编程软件。

（一）PLC 的程序软件

PLC 的软件包括系统软件和应用软件两部分。系统程序由厂家提供，PLC 按照系统程序赋予它的功能有序地工作；应用程序是用户为达到某一控制要求，利用 PLC 厂家提供的编程语言而编写的程序。

（二）STEP 7 - Micro/WIN 软件简介

1. 软件安装

将 STEP 7 - Micro/WIN V4.0 的安装光盘插入 PC 机的 CD - ROM 中，安装向导程序将自动启动并引导用户完成整个安装过程。用户还可以在安装目录中双击 setup. exe 图标，进入安装向导，按照安装向导的提示完成软件的安装。

（1）选择安装程序界面的语言，系统默认使用英语。

（2）按照安装向导提示，接受 License 条款，单击"下一步"按钮继续。

（3）为 STEP 7 - Micro/WIN V4.0 选择安装目录文件夹，单击"下一步"按钮继续。

（4）在 STEP 7 - Micro/WIN V4.0 安装过程中，必须为 STEP 7 - Micro/WIN V4.0 配置波特率和站地址，其波特率必须与网络上的其他设备的波特率一致，而且站地址必须唯一。

（5）STEP 7 - Micro/WIN V4.0 SP3 安装完成后，重新启动 PC 机，单击"完成"按钮完成软件的安装；

（6）初次运行 STEP 7 - Micro/WIN V4.0 为英文界面，如果用户想要使用中文界面，必须进行设置。

在主菜单中，选择"Tools"→"Options"菜单命令。在弹出的"Options"选项对话框中，选择 General（常规）选项卡，对话框右半部分会显示 Language 选项，选择 Chinese，单击"OK"按钮，保存退出，重新启动 STEP 7 - Micro/WIN V4.0 后即为中文操作界面，如图 1 - 8 所示。

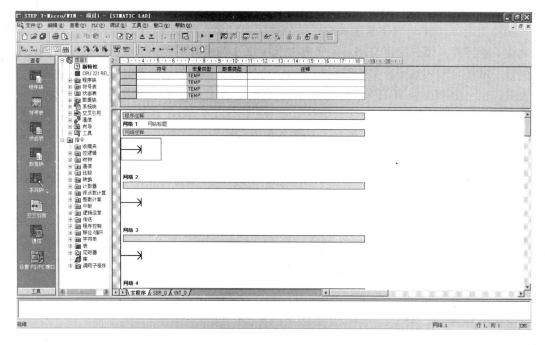

图 1 - 8 STEP 7 - Micro/WIN 编程软件的编程窗口

2. 在线连接

顺利完成硬件连接和软件安装后，就可建立 PC 机与 S7 - 200 CPU 的在线联系了，步骤如下：

（1）在 STEP 7 - Micro/WIN V4.0 主操作界面下，单击操作栏中的"通信"图标或选择主菜单中的"查看"→"组件"→"通信"菜单命令，则会出现一个通信建立结果对话框，显示是否连接了 CPU 主机。

（2）双击"双击刷新"图标，STEP 7 - Micro/WIN V4.0 将检查连接的所有 S7 - 200 CPU 站，并为每个站建立一个 CPU 图标。

（3）双击要进行通信的站，在通信建立对话框中可以显示所选站的通信参数。此时，可以建立与 S7 - 200 CPU 的在线联系，如进行主机组态、上传和下载用户程序等操作。

3. 编程软件基本功能

（1）在离线（脱机）方式下可以实现对程序的编辑、编译、调试和系统组态。

（2）在线方式下可通过联机通信的方式上传和下载用户程序及组态数据，编辑和修改用户程序。

（3）支持 STL、LAD、FBD 等编程语言，并且可以在三者之间任意切换。

（4）在编辑过程中具有简单的语法检查功能，能够在程序错误行处加上红色曲线进行标注。

（5）具有文档管理和密码保护等功能。

（6）提供软件工具，能帮助用户调试和监控程序。

（7）提供设计复杂程序的向导功能，如指令向导功能、PID 自整定界面、配方向导等。

（8）支持 TD 200 和 TD 200C 文本显示界面（TD 200 向导）。

4. 窗口组件及功能

STEP 7 – Micro/WIN V4.0 编程软件采用了标准的 Windows 界面，熟悉 Windows 的用户可以轻松掌握，其窗口组件如图 1 – 9 所示。

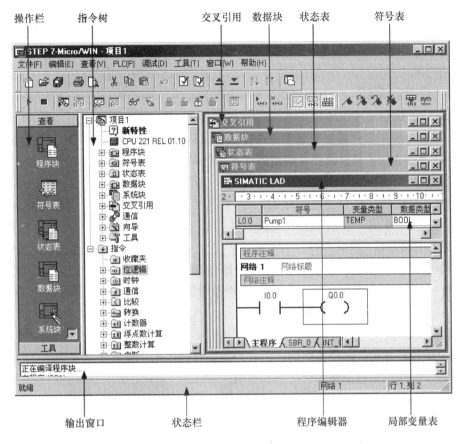

图 1 – 9　STEP 7 – Micro/WIN 编程软件的窗口组件

1）菜单栏（图 1 – 10）

与基于 Windows 的其他应用软件一样，位于窗口最上方的是 STEP 7 – Micro/WIN V4.0 的菜单栏。它包括文件、编辑、查看、PLC、调试、工具、窗口及帮助 8 个主菜单，这些菜单包含了通常情况下控制编程软件运行的命令，并通过使用鼠标或热键执行操作。

图 1 – 10　菜单栏

2）工具栏（图 1 – 11）

工具栏是一种代替命令或下拉菜单的便利工具，通常是为最常用的 STEP 7 – Micro/WIN V4.0 操作提供便利的鼠标访问。用户可以定制每个工具栏的内容和外观，将最常用的操作以按钮的形式设定到工具栏中。

3）操作栏

操作栏为编程提供按钮控制的快速窗口切换功能，在操作栏中单击任何按钮，主窗口就

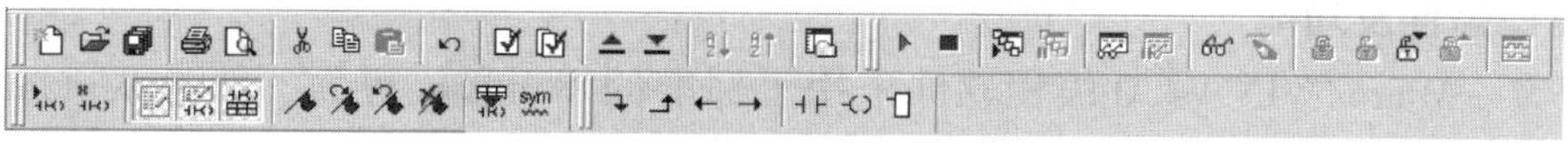

图 1 - 11　工具栏

切换成此按钮对应的窗口。操作栏可用主菜单中的"查看"→"框架"→"导航条（Navigation Bar）"菜单命令控制其是否打开。操作栏中提供了"查看"和"工具"两种编程按钮控制群组。

选择"查看"类别，显示程序块（Program Block）、符号表（Symbol Table）、状态表（Status Chart）、数据块（Data Block）、系统块（System Block）、交叉引用（Cross Reference）及通信（Communication）按钮控制等；选择"工具"类别，显示指令向导、文本显示向导、位置控制向导、EM253 控制面板和调制解调器扩展向导的按钮控制等。

4）指令树

提供所有项目对象和为当前程序编辑器（LAD 或 STL）提供的所有指令的树型视图。指令树可用主菜单中的"查看"→"框架"→"指令树"菜单命令控制其是否打开。

5）交叉引用窗口

当希望了解程序中是否已经使用和在何处使用某一符号名或存储区赋值时，可使用"交叉引用"窗口。"交叉引用"列表识别在程序中使用的全部操作数，并指出 POU、网络或行位置以及每次使用的操作数指令上下文。

6）数据块窗口

该窗口可以设置和修改变量存储区内各种类型存储区的一个或多个变量值，并可以用注释加以说明，允许用户显示和编辑数据块内容。

7）状态表窗口

状态表窗口允许将程序输入、输出或将变量置入图表中，以便追踪其状态。在状态表窗口中可以建立多个状态表，以便从程序的不同部分监视组件。每个状态表在状态表窗口中都有自己的标签。

8）符号表/全局变量表窗口

允许用户分配和编辑全局符号。用户可以建立多个符号表。

9）输出窗口

用来显示程序编译的结果信息，如各程序块（主程序、子程序数量及子程序号、中断程序数量及中断程序号等）及各块大小、编译结果有无错误以及错误编码及其位置。输出窗口可用主菜单中的"查看"→"框架"→"输出窗口"菜单命令控制其是否打开。

10）状态栏

提供在 STEP 7 - Micro/WIN V4.0 中操作时的操作状态信息。如在编辑模式中工作时，它会显示简要的状态说明当前网络号码、光标位置等编辑信息。

11）程序编辑器

程序编辑器包含局部变量表和程序视图窗口。如果需要，用户可以拖动分割条，扩展程序视图，并覆盖局部变量表。当用户在主程序之外建立子程序或中断程序时，标记出现在程序编辑器窗口的底部。可单击该标记，在子程序、中断和主程序之间移动。

12）局部变量表

每个程序块都对应一个局部变量，在带有参数的子程序调用中，参数传递就是通过局部变量表进行的。局部变量表包含对局部变量所作的赋值（即子程序和中断程序使用的变量）。

5. 程序编辑

1）建立项目

双击 STEP 7 - Micro/WIN V4.0 图标，或在菜单命令中选择"开始"→"SIMATIC"→"STEP 7 - Micro/WIN V4.0"启动应用程序，会打开一个新项目。单击工具栏中的"新建"按钮或者选择主菜单中的"文件"→"新建"命令也能新建一个项目文件。

一个新建项目程序的指令树包含程序块、符号表、数据块、系统块、通信以及工具等 9 个相关的块，其中程序块中有一个主程序 OB1、一个子程序 SBR_ 0 和一个中断程序 INT_ 0。

注意：用户可以根据实际需要对新建项目进行修改：①选择 CPU 主机型号；②添加子程序或中断程序；③程序更名；④项目更名。

2）编辑程序

STEP 7 - Micro/WIN V4.0 编程软件有很强的编辑功能，提供了 3 种编程器来创建用户的梯形图 LAD 程序、语句表 STL 程序与功能块图 FBD 程序，而且用任何一种编程器编写的程序都可以用另一种编辑器来浏览和编辑。通常情况下，用 LAD 编辑器或 FBD 编辑器编写的程序可以在 STL 编辑器中查看或编辑，但是，只有严格按照网络块编程格式编写的 STL 程序才可以切换到 LAD 编程器中。

6. 程序编译

程序编辑完成后，可以选择菜单中的"PLC"→"编译或全部编译"命令进行离线编译，或者单击工具栏中的"编译或全部编译"按钮。在编译时，"输出窗口"列出发现的所有错误、错误具体位置（网络、行和列）以及错误类型识别，用户可以双击错误线，调出程序编辑器中包含错误的代码网络。编译程序错误代码可以查看 STEP 7 - Micro/WIN V4.0的帮助与索引。

7. 程序下载

程序编译后，可以选择菜单栏中的"文件"→"下载"命令进行下载，或者直接单击工具栏中的"下载"按钮。如果下载成功，用户可以看到"输出窗口"中程序下载情况的信息。

如果 STEP 7 - Micro/WIN V4.0 中用于用户的 PLC 类型的数值与用户实际使用的 PLC 不匹配，会显示警告信息："为项目所选的 PLC 类型与远程 PLC 类型不匹配。继续下载吗?"此时用户可终止程序下载，纠正 PLC 类型后，再单击"下载"按钮，重新开始程序下载。

注意：一旦下载成功，在 PLC 中运行程序之前，必须将 PLC 从"停止"模式转换为"运行"模式。单击工具栏中的"运行"按钮，或选择菜单中的"PLC"→"运行"命令即可。

8. 调试监控

STEP 7 - Micro/WIN V4.0 编程软件提供了一系列工具，可使用户直接在软件环境下调试并监视用户程序的执行。当用户成功地运行 STEP 7 – Micro/WIN V4.0 的编程设备，同时建立了和 PLC 的通信，并向 PLC 下载程序后，就可以使用"调试"工具栏中的诊断功能了。通过单击工具栏按钮或从"调试"菜单列表选择调试工具，打开调试工具栏，如图 1 – 12 所示。

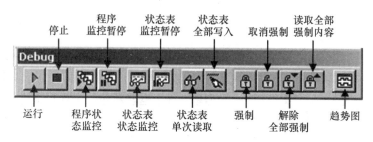

图 1 – 12　STEP 7 – Micro/WIN 编程软件的调试工具栏

 【任务实施】

STEP 7 – Micro/WIN 软件提供了 3 种程序编辑器，即语句表（STL）、梯形图（LAD）和功能块图（FBD），这里选用梯形图编辑器进行编程。

1. 新建项目

双击 STEP 7 – Micro/WIN 快捷方式图标，启动应用程序，系统自动打开一个新的 STEP 7 – Micro/WIN 项目。

2. 程序输入

1）编辑符号表

（1）单击软件操作栏中"查看"下的"符号表"，或者双击软件指令树下的"符号表"指令中的"用户定义"选项，根据 PLC 接线图在符号表中输入 I/O 注释，如图 1 – 13 所示。

			符号	地址	
1			按钮SB	I0.0	
2			KM	Q0.0	
3					
4					
5					

图 1 – 13　输入 I/O 注释

（2）选择菜单栏中的"工具"→"选项"命令，弹出图 1 – 14 所示的对话框后，选择左侧框中的"选项"→"程序编辑器"，在"符号寻址"下拉列表框中选择"显示符号和地址"选项，如图 1 – 14 所示。

2）编辑程序

按照软件程序编写步骤，首先进入编程界面，编辑过程如图 1 – 15 所示。

3）编译与下载

（1）单击 ☑ 或 ☑ 图标按钮进行编译。

（2）单击 ▼ 把程序下载到 PLC，执行外部设备动作。

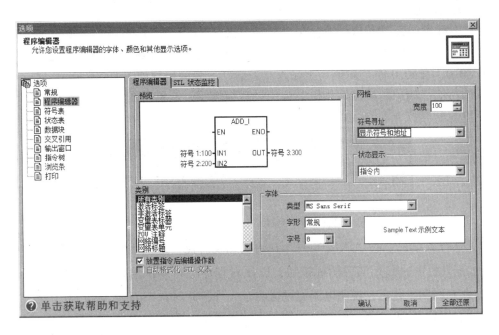

图 1-14 选择"显示符号和地址"选项

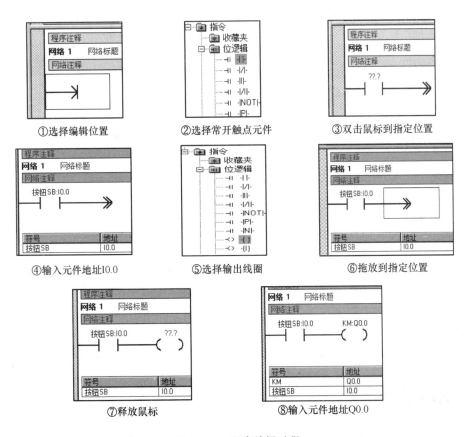

图 1-15 程序编辑过程

4）程序调试

（1）下载成功后，将 PLC 设置在"运行"状态。

（2）双击指令树"状态表"中的"用户定义 1"，在弹出的对话框中"地址"列输入 I0.0 和 Q0.0，在 I0.0 的"新值"上输入"1"，状态表会出现如图 1 - 16 所示字符。光标选中 I0.0 的新值"2#1"，单击工具栏中的"强制"按钮，这里用强制功能是为了模拟按下按钮 SB，I0.0 状态位为 1。

	地址	格式	当前值	新值
1	按钮 SB:I0.0	位		2#1
2	KM:Q0.0	位		

图 1 - 16　程序"状态表"提示信息

（3）选择菜单栏中的"调试"→"开始状态表监控"和"开始程序状态监控"命令，或者单击工具栏中的 ▦ 和 ▦ 图标按钮，以便对程序进行调试监控。在监控状态下，I0.0 触点和 Q0.0 线圈呈蓝色，说明电流通过这两个元件，此时状态表 I0.0 和 Q0.0 的当前值都为"2#1"，PLC 上 Q0.0 指示灯亮，说明程序编辑正确。若将 I0.0 强制为 0 值时，发现 PLC 的 Q0.0 指示灯灭，梯形图中的 I0.0 开关和 Q0.0 线圈无电流通过，程序状态表中 I0.0 和 Q0.0 的当前值都为"2#0"。

（4）程序确认编辑没有问题后，选择菜单栏中的"调试"→"取消全部强制"命令，或单击工具栏中的 ▦ 图标按钮，以取消输入强制。

3. 任务考核

为全面记录和考核任务完成的情况，下面给出考核评分表即表 1 - 3。

表 1 - 3　考核评分表

实施步骤	考核内容	分值	成绩
接　线	拟定接线图，完成各设备之间的连接	10	
编　程	编程并录入梯形图程序，编译、下载	10	
调试及故障排除	调试：PLC 处于 RUN 状态，闭合开关 SA 故障排除：逐一检查输入和输出回路 说明：①能准确完成软、硬件联调，显示正确结果 ②若结果错误，能找出故障点并解决	20	
成果演示		10	
总评成绩		50	

【知识链接】

1. PLC 的产生和发展

20 世纪 60 年代，在世界工业技术改革浪潮的冲击下，各工业发达国家都在寻找一种比继电器更可靠、功能更齐全、响应速度更快的新型工业控制装置。直到1968年，美国通用汽车（GE）公司为适应汽车型号的不断翻新，需要尽量避免重建流水线和更换继电器控制系统，以降低成本、缩短生产周期。为此，美国通用汽车公司公开招标，研制一种工业控制器，提出了"使用、编程方便，可在现场修改和调试程序，维护方便，可靠性高，体积小，易于扩充"等要求。

根据招标要求，美国数字设备公司（DEC）在1969年研制出了第一台PLC PDP-14，并在通用汽车公司的自动装配生产线上试用，获得成功，从而开创了工业控制的新局面。经过几十年的发展，该产品性能日臻完善，概括起来，其发展过程可归纳如表1-4所示。

表1-4 PLC的发展史

发展时期	特　点	典型产品举例
初创时期 （1969—1977年）	由数字集成电路构成，功能简单，仅具备逻辑运算和计时、计数功能。机种单一，没有形成系列	DEC公司的PDP-14、日本富士电机公司的USC-4000等
功能扩展时期 （1977—1982年）	以微处理器为核心，功能不断完善，增加了传送、比较和模拟量运算等功能。初步形成系列，可靠性进一步提高，存储器采用EPROM	德国西门子公司的SYMATIC S3系列和S4系列、日本富士电机公司的SC系列等
联机通信时期 （1982—1990年）	能够与计算机联机通信，出现了分布式控制，增加了多种特殊功能，如浮点数运算、平方、三角函数、脉宽调制等	德国西门子公司的SYMATIC S5系列、日本三菱公司的MELPLAC-50、日本富士电机公司的MICREEX等
网络化时期 （自1990年至今）	通信协议走向标准化，实现了和计算机网络互联，出现了工业控制网。可以用高级语言编程	德国西门子公司的S7系列、日本三菱公司的A系列等

从PLC的发展趋势看，PLC控制技术将成为今后工业自动化的主要手段。在未来的工业生产中，PLC技术、机器人技术、CAD/CAM和数控技术将成为实现工业生产自动化的四大支柱技术。

2. PLC的应用领域

PLC已广泛应用于工业生产的各个领域。从行业看，冶金、机械、化工、轻工、食品、建材等，几乎没有不用到它的。不仅工业生产用它，一些非工业过程，如楼宇自动化、电梯控制、农业的大棚环境参数调控、水利灌溉等系统控制也离不开它。PLC应用领域主要分为以下几类。

（1）取代传统的继电器电路，实现逻辑控制、顺序控制，既可用于单台设备的控制，也可用于多机群控制及自动化流水线，如注塑机、印刷机、订书机械、组合机床和电镀流水线等。

（2）工业过程控制。在工业生产过程中，存在一些如温度、压力、流量、液位和速度等连续变化的量，PLC采用相应的A/D和D/A转换模块，以及各种各样的控制算法程序来处理，完成闭环控制。

（3）运动控制。PLC可以用于圆周运动或直线运动的控制。一般使用专用的运动控制模块，如可驱动步进电动机或伺服电动机的单轴或多轴位置控制模块，广泛用于各种机械、机床、机器人和电梯等场合。

（4）数据处理。PLC具有数学运算、数据传送、数据转换、排序、查表、位操作等功能，可以完成数据的采集、分析及处理等操作。数据处理一般用于如造纸、冶金、食品工业中的一些大型控制系统。

（5）通信及联网。PLC通信含PLC间的通信及PLC与其他智能设备间的通信。随着工厂自动化网络的发展，现在的PLC都具有通信接口，通信非常方便。

 【思考与练习】

（1）什么是PLC？它的组成部分有哪些？
（2）PLC的CPU有哪些功能？
（3）简述PLC的发展历程。
（4）简述PLC的应用领域。

 【做一做】

实验一

实验题目：用PLC控制某电磁阀通断电路的设计、安装与调试。

实验目的：熟悉STEP 7 – Micro/WIN编程软件的使用方法。

实验要求：当开关SB接通时，电磁阀YV得电；相反，当开关SB断开时，电磁阀YV失电（图1–17）。

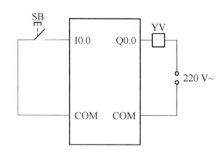

图1–17　电磁阀通断实验

实验过程：

（1）列出PLC控制I/O接口元件地址分配表。
（2）设计梯形图。
（3）安装与接线。
（4）程序输入及调试。

实验二

实验题目：用PLC控制4只指示灯的设计、安装与调试。

实验目的：熟悉STEP 7 – Micro/WIN编程软件的使用方法。

实验要求：

1）准备要求

设备：两个开关（SB1、SB2）、4只指示灯（HL1、HL2、HL3、HL4）及其相应的电气元件等。

2）控制要求

用两个开关按钮控制4只指示灯，根据按钮接通、断开不同变化，灯的亮、暗也发生变化。灯控制表见表1-5。

表1-5 灯控制表

SB1	SB2	HL1	HL2	HL3	HL4
断开	断开	灭	灭	灭	灭
断开	接通	灭	亮	灭	亮
接通	断开	亮	灭	灭	亮
接通	接通	亮	亮	亮	亮

3）考核要求

（1）电路设计。列出 PLC 控制 I/O 接口元件地址分配表，设计梯形图及 PLC 控制 I/O 接线图，根据梯形图列出指令表。

（2）安装与接线。按照 PLC 控制 I/O 接线图接线。

（3）程序输入及调试。能操作计算机正确地将程序输入 PLC，按控制要求进行调试，达到设计要求。

任务二 抢答器的控制

【任务目标】

（1）掌握 PLC 的工作原理。

（2）掌握 PLC 的工作方式。

（3）了解 I/O 接口电路的类型。

【任务分析】

在各种知识竞赛中，经常用到抢答器，现有四人抢答器，通过 PLC 来实现控制，如图1-18所示。图中，输入 I0.1～I0.4 与4个抢答按钮相连，对应4个输出 Q0.1～Q0.4 继电器。只有最早按下按钮的人才有输出，后续者无论是否有输入均不会有输出。当组织人按复位按钮后，输入 I0.0 接通抢答器复位，进入下一轮竞赛。

本任务涉及多个输入和输出，在 PLC 硬件上如何连接？如何理解 PLC 的输入和输出？通过本任务的学习来解决这些问题。

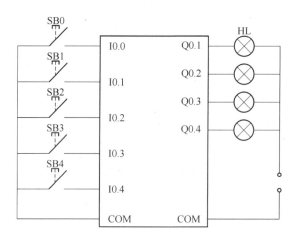

图 1 – 18　四人抢答器控制电路

 【背景知识】

一、PLC 的 I/O 端口

在 PLC 系统中，外部设备信号均是通过 I/O 端口与 PLC 进行数据传送的。所以，无论是硬件电路设计还是软件电路设计，都要清楚地了解 PLC 的端口结构及使用注意事项，这样才能保证系统的正确运行。

I/O 接口就是将 PLC 与现场各种 I/O 设备连接起来的部件。PLC 应用于工业现场，要求其输入接口能将现场的输入信号转换成微处理器能接收的信号，且最大限度地排除干扰信号，提高可靠性；输出接口能将微处理器送出的弱电信号放大成强电信号，以驱动各种负载。因此，PLC 采用了专门设计的 I/O 端口电路。

I/O 接口的任务是将被控对象或被控生产过程的各种变量进行采集送入 CPU 处理，同时控制器又通过 I/O 接口将控制器运算处理产生的控制输出送到被控设备或生产现场，驱动各种执行机构动作，实现实时控制，如图 1 – 19 所示。

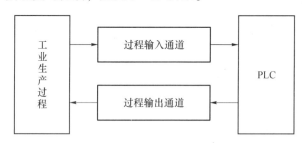

图 1 – 19　PLC 系统构成

1. 输入接口

输入接口电路是 PLC 与控制现场接口界面的输入通道。由于生产过程中使用的各种开关、按钮、传感器等输入器件直接接到 PLC 输入接口电路上，为防止由于触点抖动或干扰脉冲引起错误的输入信号，输入接口电路必须有很强的抗干扰能力。

输入接口电路提高抗干扰能力的方法主要有以下几个。

（1）利用光电耦合器提高抗干扰能力。

光电耦合器工作原理：发光二极管有驱动电流流过时导通发光，光敏三极管接收到光线，由截止变为导通，将输入信号送入 PLC 内部。光电耦合器中的发光二极管是电流驱动元件，要有足够的能量才能驱动。而干扰信号虽然有的电压值很高，但能量较小，不能使发光二极管导通发光，所以不能进入 PLC 内，实现了电隔离。

（2）利用滤波电路提高抗干扰能力。

最常用的滤波电路是电阻电容滤波，如图 1-20 中的 R_1 和 C。

图 1-20 所示电路工作原理：S 为输入开关，当 S 闭合时，LED 点亮，显示输入开关 S 处于接通状态。光电耦合器导通，将高电平经滤波器送到 PLC 内部电路。当 CPU 在循环的输入阶段锁入该信号时，将该输入点对应的映像寄存器状态置 1；当 S 断开时，则对应的映像寄存器状态置 0。

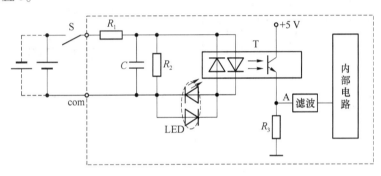

图 1-20　输入接口结构原理

注意：采用光电耦合电路与现场输入信号相连接的目的是防止现场的强电干扰进入 PLC。

2. 输出接口

输出接口用来连接被控对象中各种执行元件，如接触器、电磁阀、指示灯、调节阀（模拟量）、调速装置（模拟量）等。每种输出电路都采用电气隔离技术，电源都由外部提供。

输出接口有 3 种输出方式，如图 1-21 所示。

（1）继电器输出。接触电阻小，抗冲击能力强，但响应速度慢，一般为毫秒级，可驱动交/直流负载，常用于低速大功率负载，建议在输出量变化不频繁时优先选用。

图 1-21（a）所示电路工作原理：当内部电路的状态为 1 时，使继电器 K 的线圈通电，产生电磁吸力，触点闭合，则负载得电，同时点亮 LED，表示该路输出点有输出。当内部电路的状态为 0 时，使继电器 K 的线圈无电流，触点断开，则负载断电，同时 LED 熄灭，表示该路输出点无输出。

（2）晶体管输出。响应速度快，一般为纳秒级，无机械触点，可频繁操作，寿命长，只可以驱动直流负载，缺点是过载能力差。适合在直流供电、输出量变化快的运动控制系统（如控制步进电机）中使用。

图 1-21（b）所示电路工作原理：当内部电路的状态为 1 时，光电耦合器 T1 导通，使

大功率晶体管 VT 饱和导通，则负载得电，同时点亮 LED，表示该路输出点有输出。当内部电路的状态为 0 时，光电耦合器 T1 断开，大功率晶体管 VT 截止，则负载失电，LED 熄灭，表示该路输出点无输出。当负载为电感性负载，VT 关断时会产生较高的反电势，VD 的作用是为其提供放电回路，避免 VT 承受过电压。

（3）晶闸管输出。响应速度比较快，一般为微秒级，无机械触点，可频繁操作，寿命长，适合驱动交流负载。

图 1-21（c）所示电路工作原理：当内部电路的状态为 1 时，发光二极管导通发光，相当于双向晶闸管施加了触发信号，无论外接电源极性如何，双向晶闸管 T 均导通，负载得电，同时输出指示灯 LED 点亮，表示该输出点接通；当对应 T 的内部继电器的状态为 0 时，双向晶闸管施加了触发信号，双向晶闸管关断，此时 LED 不亮，负载失电。

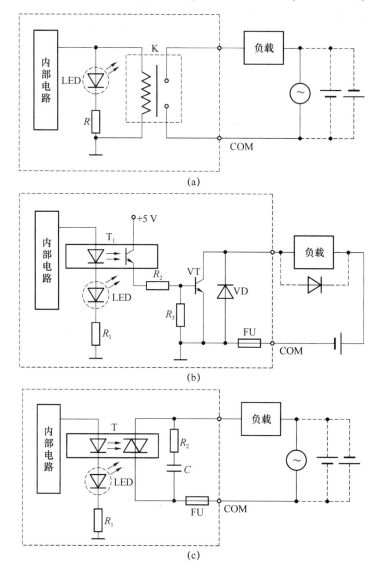

图 1-21 输出接口的输出方式
（a）继电器输出；（b）晶体管输出；（c）晶闸管输出

![注意图标] **注意**：由于 PLC 在工业生产现场工作，对 I/O 接口有两个主要的要求：一是接口有良好的抗干扰能力；二是接口能满足工业现场各类信号的匹配要求。

二、PLC 的工作原理

PLC 是怎样把控制系统中的硬件和软件联系起来完成控制任务的呢？这需要了解一下 PLC 的工作原理。PLC 的工作原理可以简单地表述为在系统程序管理下，PLC 是以集中输入、集中输出，周期性循环扫描的方式进行工作的。每一次扫描所用的时间称为扫描周期或是工作周期。

1. 循环扫描的工作原理

S7－200 在扫描循环中完成一系列任务，其工作过程如图 1－22 所示。在一个扫描周期中，S7－200 主要执行下列 5 个部分的操作。

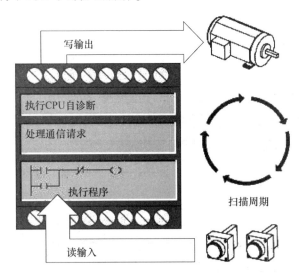

图 1－22　PLC 的工作原理

（1）读输入。S7－200 从输入单元读取输入状态，并存入输入映像寄存器中。

（2）执行程序。CPU 根据这些输入信号控制相应逻辑，当程序执行时刷新相关数据。程序执行后，S7－200 将程序逻辑结果写到输出映像寄存器中。

（3）处理通信请求。S7－200 执行通信处理。

（4）执行 CPU 自诊断。S7－200 检查固件、程序存储器和扩展模块是否工作正常。

（5）写输出。在程序结束时，S7－200 将数据从输出映像寄存器中写入输出锁存器，最后复制到物理输出点，驱动外部负载。

2. PLC 的信号处理规则

（1）输入映像区中的数据，取决于本扫描周期输入采样阶段中各输入端子的通断状态。在程序执行和输出刷新阶段，输入映像区中的数据不会因为有新的输入信号而发生改变。

（2）输出映像区中的数据由程序的执行结果决定。在输入采样和输出刷新阶段，输出映像区的数据不会发生改变。

（3）输出端子直接与外部负载连接，其状态由输出锁存器的值来决定。输出锁存器的值由上次输出刷新期间输出映像寄存器的值决定。

3. PLC 的工作模式

S7 - 200 有两种操作模式，即停止模式和运行模式。CPU 面板上的 LED 状态灯可以显示当前的操作模式。在停止模式下，S7 - 200 不执行程序，可以下载程序和 CPU 组态。在运行模式下，S7 - 200 将运行程序。

S7 - 200 提供一个方式开关来改变操作模式。可以用方式开关（位于 S7 - 200 前盖下面）手动选择操作模式：当方式开关拨在停止模式，停止程序执行；当方式开关拨在运行模式，启动程序的执行；也可以将方式开关拨在 TERM（终端）（暂态）模式，允许通过编程软件来切换 CPU 的工作模式，即停止模式或运行模式。

如果方式开关打在 STOP 或者 TERM 模式，且电源状态发生变化，则当电源恢复时，CPU 会自动进入 STOP 模式。如果方式开关打在 RUN 模式，且电源状态发生变化，则当电源恢复时，CPU 会进入 RUN 模式。

【任务实施】

1. 编制程序

根据图 1 - 18 所示硬件电路图，绘制 PLC 控制程序，如图 1 - 23 所示。

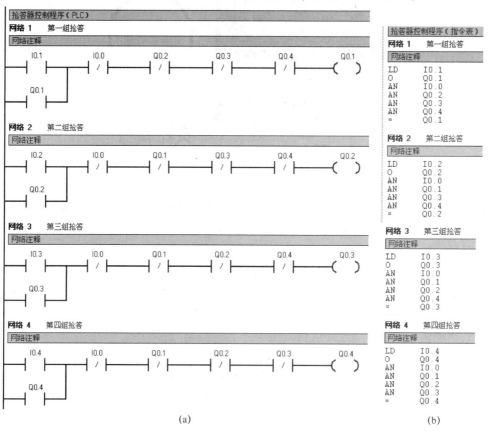

(a) (b)

图 1 - 23 梯形图及指令表

（a）梯形图；（b）指令表

2. 任务考核

考核评分表见表 1-6。

表 1-6 考核评分表

实施步骤	考核内容	分值	成绩
接线	拟定接线图，完成各设备之间的连接	10	
编程	编程并录入梯形图程序，编译、下载	10	
调试及故障排除	调试：PLC 处于 RUN 状态，闭合开关 SA 故障排除：逐一检查输入和输出回路 说明：①能准确完成软、硬件联调，显示正确结果 ②若结果错误，能找出故障点并解决	20	
成果演示		10	
总评成绩		50	

 【知识链接】

PLC 的分类

PLC 是科学技术发展和现代化大生产的产物，在不同环境中应用的类型不同，一般来说，可以从 3 个方面对 PLC 进行分类，如表 1-7 所示。

表 1-7 PLC 的分类

分类原则	种类 PLC	特 点	相关产品举例
按 PLC 的控制规模分类	微型 PLC	I/O 点数一般在 64 点以下。其特点是体积小巧、结构紧凑、以开关量控制为主，有的产品具有少量模拟量信号处理能力	OMRON 公司的 CPM1A 系列 PLC、德国西门子的 LOGO 系列 PLC
	小型 PLC	I/O 点数一般在 256 点以下。除开关量 I/O 外，一般都有模拟量控制功能和高速控制功能。有的产品还有多种特殊功能模板或智能模块。有较强的通信能力	日本三菱公司的 FX2 系列 PLC、OMRON 公司的 C60P 系列 PLC、西门子的 S7-200 PLC
	中型 PLC	I/O 点数一般在 1 024 点以下。指令系统更丰富、内存容量更大，一般都有可供选择的系列化的特殊功能模板，具有较强的通信联网能力	OMRON 公司的 C200H PLC、西门子的 S7-300 PLC
	大型 PLC	I/O 点数一般在 1 024 点以上。软、硬件功能极强，运算和控制功能丰富。具有多种自诊断功能。通信联网功能强，有各种通信联网的模块，可以构成三级通信网，实现工厂生产管理自动化	OMRON 公司的 C1000H PLC、西门子的 S7-400 PLC
	超大型 PLC	I/O 点数一般可达万点，甚至几万点。功能更加强大	美国 GE 公司的 90-70 PLC、西门子公司的 SS-115U-CPU945 PLC

续表

分类原则	种类PLC	特　点	相关产品举例
按PLC的控制功能分类	低档机	具有基本的控制功能和一般的运算能力，工作速度比较低，能带的输入和输出模块的数量比较少，输入和输出模块的种类也比较少。这类PLC只适合于小规模的简单控制。在联网中一般适合作从站使用	OMRON公司的C60P系列PLC
	中档机	控制能力和运算能力都较强，工作速度比较快，能带的输入和输出模块的数量较多，输入和输出模块的种类也比较多。可完成中等规模的控制任务。联网中可作主站或从站	西门子的S7－300 PLC
	高档机	控制能力和运算能力强大，工作速度快，能带的输入和输出模块的数量很多，输入和输出模块的种类也很全面。可完成大规模的控制任务。联网中可作主站	西门子的S7－400 PLC、美国GE公司的90－70 PLC
按PLC的结构分类	箱体式结构	把电源、CPU、内存、I/O系统都集成在一个小箱体内。一个主机箱体就是一台完整的PLC	西门子公司的LOGO系列PLC
	组合式（模块式）结构	CPU、输入和输出单元、电源单元以及各种功能单元自成一体，称为模块或模板。各种模块可根据需要搭配组合，灵活性强	西门子公司的S7－200、S7－300、S7－400系列PLC

 【思考与练习】

（1）PLC是按照什么工作方式进行工作的？每个阶段主要完成哪些任务？

（2）PLC输入接口电路是如何提高抗干扰能力的？

（3）PLC输出接口电路有几种类型？分别适用于什么场合？

（4）简述PLC的分类。

 【做一做】

实验题目：两地控制一盏灯程序设计。

实验目的：熟悉STEP 7－Micro/WIN编程软件的使用方法。

实验要求：PLC的输出端子上连接一盏灯，在A和B两地都能控制灯的亮灭。

实验过程：

（1）填写灯控制系统的 I/O 端口分配表，如表 1-8 所列。

表 1-8　灯控制系统 I/O 端口分配表

输入端子			输出端子		
名称	代号	输入点编号	名称	代号	输出点编号
A 地灯亮按钮	SB1		灯	L	
A 地灯灭按钮	SB2				
B 地灯亮按钮	SB3				
B 地灯灭按钮	SB4				

（2）编写控制程序。

（3）调试、连线运行程序。

任务三　自动门的控制

【任务目标】

（1）掌握 PLC 的梯形图语言和指令表语言。

（2）了解 PLC 的其他编程语言。

（3）学会 PLC 的位操作指令。

【任务分析】

用 PLC 控制一车库大门自动打开和关闭，以便让一个接近大门的物体（如车辆）进入或离开车库。控制要求：采用一台 PLC，把一个超声开关和一个光电开关作为输入设备将信号送入 PLC。PLC 输出信号控制门电动机旋转，如图 1 - 24 所示。

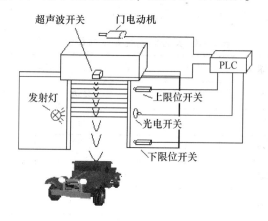

图 1 - 24 PLC 在自动开关门中的应用

众所周知，想实现上述控制，首先要编制控制程序，PLC 有多种不同类型的输入方式，通过本任务的学习来解决这个问题。

 【背景知识】

一、PLC 的编程语言

PLC 是专为工业自动化控制而开发、研制的自动控制装置，与计算机编程语言有很大不同，PLC 编程语言直接面对生产一线的电气技术人员及操作维修人员，面向用户，因此简单易懂且易于掌握。PLC 编程语言有梯形图、指令表、功能模块图、顺序功能流程图及结构化文本等几种常用编程语言，如图 1 - 25 所示。

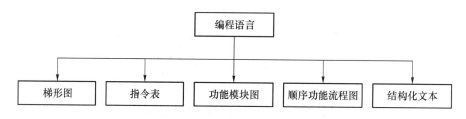

图 1 - 25 PLC 编程语言

1. 梯形图语言

梯形图语言是在继电器控制原理图的基础上产生的一种直观、形象的图形逻辑编程语言。它沿用继电器的触点、线圈、串并联等术语和图形符号，同时也增加了一些继电器控制系统中没有的特殊符号，以便扩充 PLC 的控制功能。

梯形图语言比较形象、直观，对于熟悉继电器表达方式的电气技术人员来说，不需要学习更深的计算机知识，极易被接受，因此在 PLC 编程语言中应用最多。图 1 - 26 所示是采用接触器控制的电动机启停控制线路。图 1 - 27 所示是采用 PLC 控制的梯形图。可以看出两者之间的对应关系。

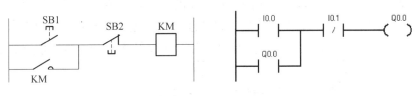

图 1-26　电动机启停控制线路　　　　图 1-27　梯形图语言

注意：图 1-26 所示的电动机启停控制线路中，各个元件和触点都是真实存在的，每一个线圈一般只能带几对触点。而图 1-27 中，所有的触点线圈等都是软元件，没有实物与之对应，PLC 运行时只是执行相应的程序。因此，理论上梯形图中的线圈可以带无数多个常开触点和常闭触点。

2. 指令表语言

指令表语言就是助记符语言，它常用一些助记符来表示 PLC 的某种操作，有的厂家将指令称为语句，两条或两条以上的指令的集合叫做指令表，也称语句表。不同型号 PLC 助记符的形式不同。图 1-28 所示为梯形图对应的指令表语言。

通常情况下，用户利用梯形图进行编程，然后再将所编程序通过编程软件或人工的方法转换成语句表输入到 PLC 中。

注意：不同厂家生产的 PLC 所使用的助记符各不相同，因此同一梯形图写成的指令表就不相同，在将梯形图转换为助记符时，必须先弄清 PLC 的型号及内部各器件编号、使用范围和每一条助记符的使用方法。

3. 功能模块图语言

功能图编程语言实际上是用逻辑功能符号组成的功能块来表达命令的图形语言，与数字电路中逻辑图一样，它极易表现条件与结果之间的逻辑功能。图 1-29 所示为电动机启停控制的功能模块图语言。

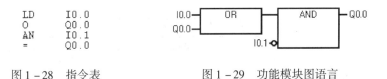

图 1-28　指令表　　　　　图 1-29　功能模块图语言

由图可见，这种编程方法是根据信息流将各种功能块加以组合，是一种逐步发展起来的新式编程语言，正在受到各种 PLC 厂家的重视。

4. 顺序功能流程图语言

顺序功能图常用来编制顺序控制类程序。它包含步、动作、转换 3 个要素。顺序功能编程法可将一个复杂的控制过程分解为一些小的顺序控制要求连接组合成整体的控制程序。顺序功能图法体现了一种编程思想，在程序的编制中具有很重要的意义。图 1-30 所示为某一控制系统顺序功能流程图语言。

顺序功能流程图编程语言的特点：以功能为主线，按照功能流程的顺序分配，条理清

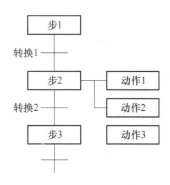

图 1-30　顺序功能流程图语言

楚，便于用户对程序的理解；避免梯形图或其他语言不能顺序动作的缺陷，同时也避免了用梯形图语言对顺序动作编程时，由于机械互锁造成用户程序结构复杂、难以理解的缺陷；用户程序扫描时间也大大缩短。

5. 结构化文本语言

随着 PLC 的飞速发展，如果许多高级功能还是用梯形图来表示，会很不方便。为了增强 PLC 的数字运算、数据处理、图表显示、报表打印等功能，方便用户的使用，许多大中型 PLC 都配备了 PASCAL、BASIC、C 等高级编程语言，这种编程方式称为结构化文本。

结构化文本编程语言的特点：采用高级语言进行编程，可以完成较复杂的控制运算；需要有一定的计算机高级语言的知识和编程技巧，对工程设计人员要求较高，直观性和操作性较差。

平时所说的 PLC 编程语言与一般计算机语言相比，具有相当明显的特点，它既不同于一些高级语言，也不同于一般的汇编语言，它既要满足易于编写，又要满足易于调试的要求。

二、S7-200 的基本位操作指令

随着 PLC 的不断发展，厂家为用户提供了梯形图、指令表、功能块图和高级语言等编程语言，但无论从 PLC 的产生原因（主要替代继电接触式控制系统）还是广大电气工程技术人员的使用习惯来说，梯形图和指令表一直是它最基本、最常用的编程语言。在下面的讲解和举例中主要用到的也是梯形图程序和指令表两种方式。

位操作指令是 PLC 常用的基本指令。位操作指令是对 PLC 数据区存储器中的某一位进行操作。位操作的值为 0 或 1，1 表示位元件通电，0 表示位元件不通电。

1. 触点与线圈指令

（1）指令格式及梯形图表示方法如表 1-9 所示。

表 1-9　触点与线圈指令

助记符	功能	梯形图图示	操作元件
LD	取常开触点	—┤ ├—	I，Q，M，SM，T，C，V，S
LDN	取常闭触点	—┤ / ├—	I，Q，M，SM，T，C，V，S
=	线圈输出	—（ ）	Q，M，SM，T，C，S

（2）使用说明。

① LD 和 LDN 指令一方面可用于和梯形图的左母线相连，作为一个逻辑行开始，另一方面可与 ALD、OLD 指令配合使用，作为分支电路的起点。

② OUT 指令用于把运算结果输出到线圈。注意没有输入线圈。

注意：因为 PLC 是以扫描方式执行程序的，当并联双线圈（同一个线圈）输出时，只有后面的驱动有效。

2. 触点串联指令

（1）指令格式及梯形图表示方法如表 1 – 10 所示。

表 1 – 10　触点串联指令

助记符	功能	LAD 图示	操作元件
A	与指令	⊢⊢　⊢⊢　⊢⊢	I，Q，M，SM，T，C，V，S
AN	与非指令	⊢⊢　⊢⊢　⊣/⊢	I，Q，M，SM，T，C，V，S

（2）使用说明。

① A、AN 是单个触点串联连接指令，可连续使用。

② 若要串联多个触点组合回路时，须采用后面说明的 ALD 指令。

③ 在 OUT 指令后面，通过某一接点对其他线圈使用 OUT 指令，称为连续输出。

注意：不要将连续输出的顺序弄错，如图 1 – 31 所示。

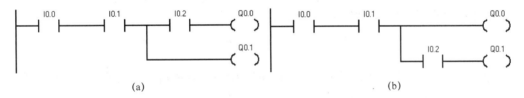

图 1 – 31　连续输出
（a）不合适；（b）合适

3. 触点并联指令

（1）指令格式及梯形图表示方法如表 1 – 11 所示。

表 1 – 11　触点并联指令

助记符	功能	LAD 图示	操作元件
O	或指令		I，Q，M，SM，T，C，V，S
ON	或非指令		I，Q，M，SM，T，C，V，S

（2）使用说明。

① O、ON 指令用于单个触点并联，紧接在 LD、LDN 指令之后用，即对其前面 LD、LDN 指令所规定的触点再并联一个触点。

② 这两个指令可连续使用。

4. 电路块的并联、串联指令

（1）指令格式及梯形图表示方法如表 1-12 所示。

表 1-12   电路块的并联和串联指令

助记符	功能	LAD 图示	操作元件
OLD	电路块并		无
ALD	电路块串		无

（2）使用说明。

① OLD、ALD 无操作软元件。

② 几个串联支路并联连接时，其支路的起点以 LD、LDN 开始，支路终点用 OLD 指令。

③ 如需将多个支路并联，从第二条支路开始，在每一支路后面加 OLD 指令。用这种方式编程，对并联支路的个数没有限制。

④ 并联电路块与前面电路串联连接时，使用 ALD 指令。分支的起始点用 LD、LDN 指令，并联电路结束后，使用 ALD 指令与前面电路串联。

⑤ 如果有多个并联电路块串联，顺次以 ALD 指令与前面支路连接，对支路数量没有限制。

⑥ 使用 OLD、ALD 指令编程时，也可以采取 OLD、ALD 指令连续使用的方法；但只能连续使用不超过 8 次，建议不使用此法。

（3）程序举例。程序示例如图 1-32 和图 1-33 所示。

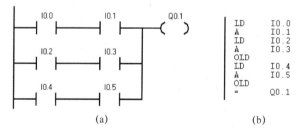

（a）   （b）

图 1-32   OLD 指令应用

（a）梯形图；（b）指令表

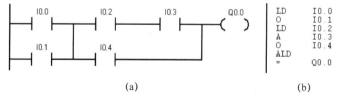

（a）   （b）

图 1-33   ALD 指令应用

（a）梯形图；（b）指令表

5. 取非操作指令

（1）指令格式及梯形图表示方法如表 1 – 13 所示。

表 1 – 13　取非操作指令

助记符	功能	LAD 图示	操作元件
NOT	把源操作数的状态取反作为目标操作数输出	—|NOT|—	无

（2）使用说明。

它只能和其他操作联合使用，其本身没有操作数。

6. 置位与复位操作指令

（1）指令格式及梯形图表示方法如表 1 – 14 所示。

表 1 – 14　置位与复位指令表

指令名称	STL	LAD	功能
置位指令	S bit, N	bit —(S) N	从 bit 开始的 N 个元件置 1 并保持
复位指令	R bit, N	bit —(R) N	从 bit 开始的 N 个元件清零并保持

（2）使用说明。

① 对位元件来说一旦被置位，就保持在通电状态，除非对它复位；而一旦被复位就保持在断电状态，除非再对它置位。

② 如果对计数器和定时器复位，则计数器和定时器的当前值被清零。

③ N 的范围为 1 ~ 255，N 可为 VB、IB、QB、MB、SMB、SB、LB、AC、常数、＊AD、＊AC 和＊LD。一般情况下使用常数。

④ S/R 指令的操作数为 I、Q、M、SM、T、C、V、S 和 L。

注意：对于同一元件可多次使用 S/R 指令操作，顺序不限。但若各 S/R 指令操作条件均成立，则只有最后一次 S/R 操作有效。

（3）程序举例。示例程序如图 1 – 34 所示。

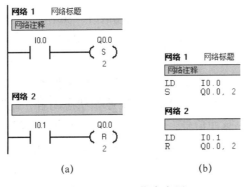

图 1 – 34　S/R 指令应用
（a）梯形图；（b）指令表

7. 脉冲生成指令

（1）指令格式及梯形图表示方法如表 1 – 15 所示。

表 1 – 15　脉冲生成指令表

助记符	功能	LAD 图示	操作元件
EU	上升沿脉冲输出	—| P |—　（　）	无
ED	下降沿脉冲输出	—| N |—　（　）	无

（2）使用说明。

① EU 指令。在 EU 指令前的逻辑运算结果有一个上升沿时（由 OFF→ON），产生一个宽度为一个扫描周期的脉冲，驱动后面的输出线圈。

② ED 指令。在 ED 指令前的逻辑运算结果有一个下降沿时（由 ON→OFF），产生一个宽度为一个扫描周期的脉冲，驱动后面的输出线圈。

这两个脉冲可以用来启动一个运算过程、启动一个控制程序、记忆一个瞬时过程、结束一个控制过程等。

注意：对开机时就为接通状态的输入条件，EU 指令不执行。

（3）程序举例。示例如图 1 – 35 所示。

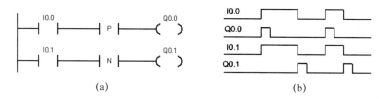

图 1 – 35　脉冲输出指令应用
（a）梯形图；（b）时序图

【任务实施】

1. 编制程序

根据图 1 – 24 画出 PLC 控制接线图及程序如图 1 – 36 所示。当超声波开关检测到门前有车辆时 I0.0 动合触点闭合，升门信号 Q0.0 被置位，升门动作开始，当升门到位时门顶限位开关动作，I0.2 动合触点闭合，升门信号 Q0.0 被复位，升门动作完成；当车辆进入到大门遮断光电开关的光束时，光电开关 I0.1 动作，其动断触点断开，车辆继续行驶进入大门后，接收器重新接收到光束，其动断触点 I0.1 恢复原始状态闭合，此时这一由断到通的信号驱动 PLS 指令使 M0.0 产生一脉冲信号，M0.0 动合触点闭合，降门信号 Q0.1 被置位，降门动作开始，当降门到位时门底限位开关动作，I0.3 动合触点闭合，降门信号 Q0.1 被复位，降门动作完成。

2. 任务考核

考核评分表见表 1 – 16。

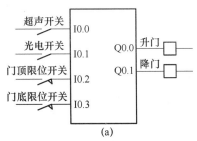

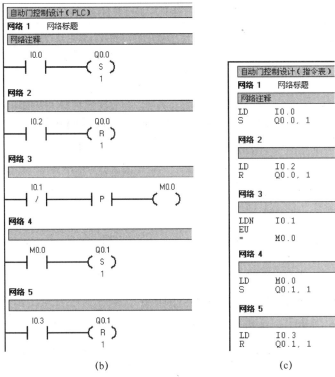

图 1-36 PLC 控制接线图及梯形图、指令表

(a) 控制接线图; (b) 梯形图; (c) 指令表

表 1-16 考核评分表

实施步骤	考 核 内 容	分值	成绩
接线	拟定接线图,完成各设备之间的连接	10	
编程	编程并录入梯形图程序,编译、下载	10	
调试及故障排除	调试:PLC 处于 RUN 状态,闭合开关 SA 故障排除:逐一检查输入和输出回路 说明:①能准确完成软、硬件联调,显示正确结果 ②若结果错误,能找出故障点并解决	20	
成果演示		10	
总 评 成 绩		50	

【知识链接】

1. PLC 的技术指标

PLC 的技术指标包括硬件指标和软件指标，如表 1-17 所示。

通过对 PLC 的技术指标体系的了解，可根据具体控制工程的要求，在众多 PLC 中选取合适的 PLC。

表 1-17　PLC 的技术指标

类型	指标	功　能
硬件指标	工作环境	一般都能在下列环境条件下工作：温度 0℃~55℃，湿度小于 85%
	I/O 点数	PLC 外部输入、输出端子数。这是最重要的一项技术指标
	内部寄存器	PLC 内部有许多寄存器用以存放变量状态、中间结果、数据等。寄存器的配置情况常是衡量 PLC 硬件功能的一个指标
	内存容量	一般以 PLC 所能存放用户程序多少衡量
软件指标	编程语言	PLC 常用的编程语言有梯形图语言、助记符语言及某些高级语言
	指令条数	这是衡量 PLC 软件功能强弱的主要指标。PLC 具有的指令种类越多，其软件功能越强
	扫描速度	一般以执行 1 000 步指令所需时间来衡量，单位为 ms/千步
	特种功能	自诊断功能、通信联网功能、监控功能、特殊功能模块、远程 I/O 能力

2. PLC、继电器控制系统、微机控制系统比较

PLC、继电器控制系统、微机控制系统三者性能、特点相比较，如表 1-18 所示。

表 1-18　PLC、继电器控制系统和微机控制系统性能比较

项　目	PLC	继电器控制系统	微机控制系统
功能	通过执行程序实现各种控制	通过许多硬件继电器实现顺序控制	通过执行程序实现各种复杂控制，功能最强
修改控制内容	修改程序较简单容易	改变硬件接线逻辑、工作量大	修改程序，技术难度较大
可靠性	平均无故障工作时间长	受机械触点寿命限制	一般比 PLC 差
工作方式	顺序扫描	顺序控制	中断控制
连接方式	直接与生产设备连接	直接与生产设备连接	要设计专门的接口
环境适应性	适应一般工业生产现场环境	环境差会影响可靠性和寿命	环境要求高
抗干扰性	较好	能抗一般电磁干扰	需专门设计抗干扰措施
可维护性	较好	维修费时	技术难度较高
系统开发	设计容易、安装简单、调试周期短	工作量大、调试周期长	设计复杂、调试技术难度较大
响应速度	较快（10^{-3} s 数量级）	一般（10^{-2} s 数量级）	很快（10^{-6} s 数量级）

3. 梯形图编程的基本原则

（1）梯形图中的继电器不是物理的，是 PLC 存储器中的位（1 = ON；0 = OFF）；各编程元件的触点可以反复使用，数量不限。继电器线圈输出只能是一次（同一个程序中，同一编号的线圈使用两次或两次以上容易引起误动作）。

（2）梯形图中每一行都是从左母线开始，触点在左，线圈在右，触点不能放在线圈右边，如图 1 - 37 所示。

图 1 - 37　梯形图画法 1

（a）错误；（b）正确

（3）线圈和指令盒一般不能直接与左母线相连，如图 1 - 38 所示。

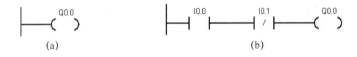

图 1 - 38　梯形图画法 2

（a）错误；（b）正确

（4）梯形图中若有多个线圈输出，这些线圈可并联输出，但不能串联输出，如图 1 - 39 所示。

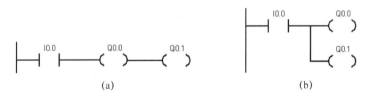

图 1 - 39　梯形图画法 3

（a）错误；（b）正确

（5）梯形图中触点连接不能出现桥式连接，如图 1 - 40 所示。

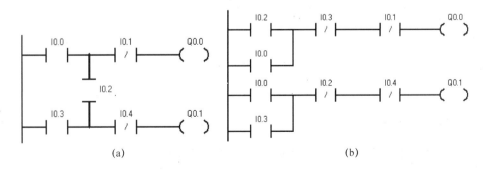

图 1 - 40　梯形图画法 4

（a）错误；（b）正确

（6）适当安排编程顺序，以减少程序步数。

① 串联多的电路应尽量放在上部，如图1－41所示。

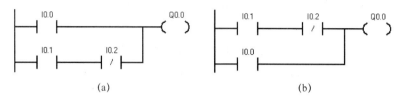

图1－41　梯形图画法5

（a）一般；（b）推荐

② 并联多的电路应靠近左母线，如图1－42所示。

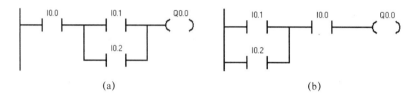

图1－42　梯形图画法6

（a）一般；（b）推荐

（7）为了简化程序，在程序设计时对于需要多次使用的若干逻辑运算的组合，应尽量使用通用辅助继电器，这样不仅使程序逻辑清晰，还给修改程序带来方便，如图1－43所示。

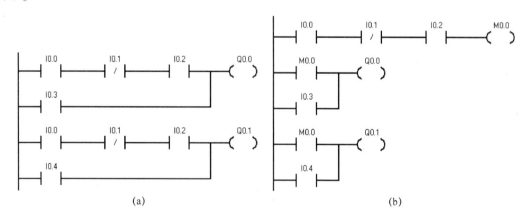

图1－43　梯形图画法7

（a）一般；（b）推荐

【思考与练习】

PLC与继电器控制系统、微机控制系统相比较有哪些优点？

【做一做】

实验一

实验题目：位逻辑指令。

实验目的：

（1）熟悉 STEP 7 – Micro/WIN 编程软件的使用方法。

（2）掌握 PLC 的结构和外部 I/O 接线方法。

（3）熟悉位逻辑指令。

实验程序：如图 1 – 44 所示。

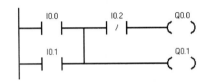

图 1 – 44　位逻辑指令示例程序

实验结果：如表 1 – 19 所列。

表 1 – 19　位逻辑指令实验结果

I0.0（K17）	I0.1（K18）	I0.2（K19）	Q0.0（L1）	Q0.1（L2）
0	0	0		
0	0	1		
0	1	0		
0	1	1		
1	0	0		
1	0	1		
1	1	0		
1	1	1		

实验结论：

写出 Q0.0 和 Q0.1 输出的逻辑表达式。

Q0.0 =

Q0.1 =

实验二

实验题目：置位、复位及脉冲生成指令实验。

实验目的：

（1）熟悉 STEP 7 – Micro/WIN 编程软件的使用方法。

（2）熟悉置位和复位指令的使用方法。

（3）熟悉脉冲生成指令的使用方法。

实验程序：如图 1 – 45 所示。

实验要求：改变 I0.0（K17）和 I0.1（K18）的状态，观察并记录实验结果，控制时序图如图 1 – 46 所示。

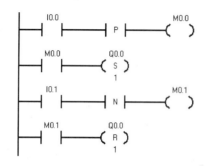

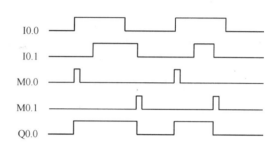

图 1 – 45　置位、复位及脉冲生成指令示例程序　　　　图 1 – 46　实验控制时序图

实验结果：绘出 M0.0、M0.1 和 Q0.0 的时序图。

实验三

根据图 1 – 47 所示的时序图编写实验程序。

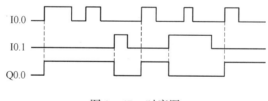

图 1 – 47　时序图

任务四　电动机的正/反转控制

【任务目标】

（1）熟练应用置位、复位指令编写控制程序。

（2）熟练应用 PLC 改造三相异步电动机的正/反转控制电路。

（3）了解启保停电路与使用置位、复位指令程序的对应关系。

【任务分析】

许多生产机械都有可逆运行要求，由电动机正/反转来实现机械的可逆运行是很方便的。完成本任务，首先要运用学习的 PLC 指令进行软件设计和硬件设计，最后对 PLC 控制的电动机正/反转进行调试。

图 1−48 所示为三相异步电动机的正/反转控制电路，即用按钮、热继电器和接触器等来控制电动机正/反转控制线路，接触器 KM1、KM2 不能同时得电动作，否则三相电源短路。为此，电路中采用接触器常闭触点串接在对方线圈回路作电气联锁，使电路工作可靠。采用按钮 SB1、SB2 的常闭触点，目的是为了让电动机正反转直接切换，操作方便。这些控制要求都应在梯形图程序中得以体现。

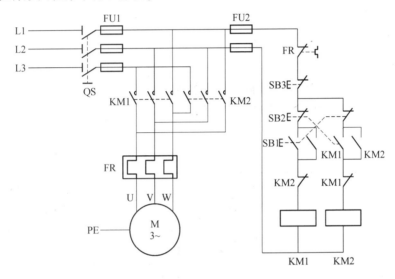

图 1−48　三相异步电动机的正/反转控制电路

在控制电路中，正转按钮 SB1、反转按钮 SB2、停止按钮 SB3、热继电器辅助触点属于控制信号，应作为 PLC 的输入量分配接线端子；而接触器线圈属于被控对象，应作为 PLC 的输出量分配接线端子。现对其进行 PLC 改造。

其正/反转的控制过程如下。

1. 正转控制过程

按下正转启动按钮 SB1，其常闭触点 SB1 先分断对 KM2 联锁（切断反转控制电路），SB1 常开触点后闭合，KM1 线圈得电，其联锁触点 KM1 分断对 KM2 联锁（切断反转控制电路），KM1 主触点闭合，与 SB1 并联的 KM1 的辅助常开触点闭合自锁，串联在电动机回路中的 KM1 的主触点持续闭合，电动机连续正向运转。

2. 反转控制过程

按下反转启动按钮，其常闭触点 SB2 先分断，致使 KM1 线圈失电，KM1 主触点分断，KM1 自锁触点分断解除自锁，同时 KM1 联锁触点恢复闭合。SB2 常开触点后闭合，KM2 线圈得电，KM2 联锁触点分断对 KM1 联锁（切断正转控制电路），KM2 主触点闭合，与 SB2 按钮并联的 KM2 的辅助常开触点闭合自锁，串联在电动机回路中的 KM2 的主触点持续闭合,电动机连续反向运转。

若要停止,则按下 SB3 按钮,整个控制电路失电,主触点分断,电动机 M 失电停转。
了解正/反转的控制过程后,下面利用 S7 – 200 系列 PLC 来完成本任务。

 【背景知识】

一、S7 – 200 PLC 的寻址方式及内部数据存储区

S7 – 200 CPU 将信息存储在不同的存储单元,每个单元都有唯一的地址。S7 – 200 CPU 使用数据地址访问所有的数据,称为寻址。I/O 点、中间运算数据等各种数据类型具有各自的地址定义,大部分指令都需要指定数据地址。

(一)数据类型

1. 数据类型及范围

S7 – 200 系列 PLC 的数据类型可以是字符串、布尔型(0 或 1)、整数型和实数型(浮点数)。布尔型数据指字节型无符号整数;整数型数包括 16 位符号整数(INT)和 32 位符号整数(DINT)。实数型数据采用 32 位单精度数来表示。数据类型、长度及范围如表 1 – 20 所示。

表 1 – 20　数据类型、长度及范围

基本数据类型	无符号整数表示范围		基本数据类型	有符号整数表示范围	
	十进制表示	十六进制表示		十进制表示	十六进制表示
字节 B(8 位)	0 ~ 255	0 ~ FF	字节 B(8 位)只用于 SHRB 指令	– 128 ~ 127	80 ~ 7F
字 W(16 位)	0 ~ 65 535	0 ~ FFFF	INT(16 位)	– 32 768 ~ 32 767	8 000 ~ 7FFF
双字 D(32 位)	0 ~ 4 294 967 295	0 ~ FFFFFFFF	DINT(32 位)	– 2 147 483 648 ~ 2 147 483 647	80 000 000 ~ 7FFFFFFF
BOOL(1 位)	0 ~ 1				
字符串	每个字符以字节形式存储,最大长度为 255 个字节,第一个字节中定义该字符串的长度				
实数(32 位)	-10^{38} ~ 10^{38}(IEEE 32 浮点数)				

2. 常数

S7 – 200 系列 PLC 的许多指令中常会使用常数。常数的数据长度可以是字节、字和双字。CPU 以二进制的形式存储常数,书写常数可以用二进制、十进制、十六进制、ASCII 码或实数等多种形式。书写格式如下。

- 十进制常数:1234。
- 十六进制常数:16#3AC6。
- 二进制常数:2#1010 0001 1110 0000。
- ASCII 码:"Show"。
- 实数(浮点数):+1.175495E – 38(正数);– 1.175495E – 38(负数)。

3. 位

二进制数的"位"只有0和1两种取值，开关量（或数字量）也只有两种不同的状态，如触点的断开和接通、线圈的失电和得电等。在 S7 - 200 PLC 梯形图中，可用"位"描述它们，如果该位为1则表示对应的线圈为得电状态，触点为转换状态（常开触点闭合、常闭触点断开）；如果该位为0，则表示对应线圈、触点的状态与前者相反。

在数据长度为字或双字时，起始字节均放在高位上，如图1-49所示。

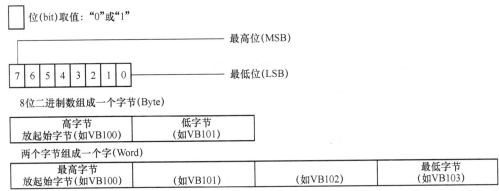

图 1-49 字节、字和双字的位信息

（二）编址方式

1. 存储区的划分

数字量输入写入输入映像寄存器（区标志符为I），数字量输出写入输出映像寄存器（区标志符为Q），模拟量输入写入模拟量输入映像寄存器（区标志符为AI），模拟量输出写入模拟量输出映像寄存器（区标志符为AQ）。除了输入、输出外，PLC还有其他元件，V表示变量存储器；M表示内部标志位存储器；SM表示特殊标志位存储器；L表示局部存储器；T表示定时器；C表示计数器；HC表示高速计数器；S表示顺序控制存储器；AC表示累加器，如图1-50所示。

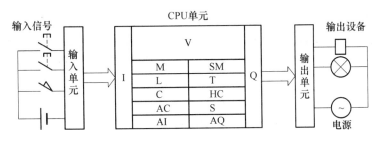

图 1-50 存储区的划分

2. 编址

1）位编址

位编址的指定方式为：（区域标志符）字节号位号，如 I0.0、Q0.0、I1.2。

2）字节编址

字节编址的指定方式为：（区域标志符）B（字节号），如 IB0 表示由 I0.0 ~ I0.7 这8位组成的字节。

3）字编址

字编址的指定方式为：（区域标志符）W（起始字节号），且最高有效字节为起始字节，如 VW0 表示由 VB0 和 VB1 这两个字节组成的字。

4）双字编址

双字编址的指定方式为：（区域标志符）D（起始字节号），且最高有效字节为起始字节，如 VD0 表示 VB0 ～ VB3 这 4 字节组成的双字。

3. 寻址方式

1）直接寻址

直接寻址是在指令中直接使用存储器或寄存器的元件名称（区域标志）和地址编号，直接到指定的区域读取或写入数据。有按位、字节、字、双字的寻址方式，如图 1 - 51 所示。

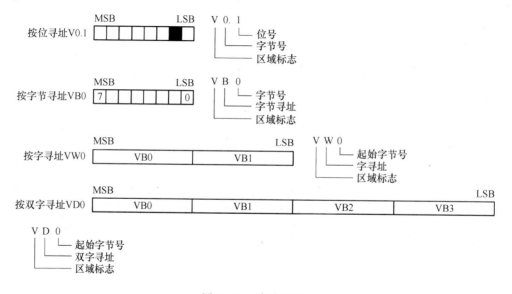

图 1 - 51　直接寻址

2）间接寻址

间接寻址方式是指数据存放在存储器或寄存器中，在指令中只出现所需数据所在单元的内存地址的地址。存储单元地址的地址又称为指针。这种间接寻址方式与计算机的间接寻址方式相同。间接寻址在处理内存连续地址中的数据时非常方便，而且可以缩短程序所生成的代码长度，使编程更加灵活。

（1）使用间接寻址前，要先创建一个指向该位置的指针。指针为双字（32 位），存放的是另一个存储器的地址，只能用 V、L 或累加器 AC 作指针。生成指针时，要使用双字传送指令（MOVD），将数据所在单元的内存地址送入指针。双字传送指令的输入操作数开始处加 "&" 符号，表示某存储器的地址，而不是存储器内部的值。指令输出操作数是指针地址，如 "MOVD　&VB200，AC1" 指令就是将 VB200 的地址送入累加器 AC1 中。

（2）指针建立好后，利用指针存取数据。在使用地址指针存取数据的指令中，操作数前加 "＊" 号表示该操作数为地址指针。例如，MOVW　＊AC1　AC0　//MOVW 表示字传送指令，指令将 AC1 中的内容为起始地址的一个字长的数据（即 VB200，VB201 内部数据）送入 AC0 内，如图 1-52 所示。

图 1-52　间接寻址

二、S7-200 系列 PLC 数据存储区及元件功能

1. 输入继电器（I）

输入继电器用来接收外部传感器或开关元件发来的信号，是专设的输入过程映像寄存器，它只能由外部信号驱动程序驱动。在每次扫描周期的开始，CPU 总对物理输入进行采样，并将采样值写入输入过程映像寄存器中。输入继电器一般采用八进制编号，一个端子占用一个点。它有 4 种寻址方式（即可以按位、字节、字或双字）来存取输入过程映像寄存器中的数据。

位格式：I［字节地址］.［位地址］

如 I0.1。

字节、字或双字格式：I［长度］［起始字节地址］

如 IB3、IW4、ID0。

2. 输出继电器（Q）

输出继电器是用来将 PLC 的输出信号传递给负载，是专设的输出过程映像寄存器。它只能用程序指令驱动。在每次扫描周期的结尾，CPU 将输出映像寄存器中的数值复制到物理输出点上，并将采样值写入，以驱动负载。输出继电器一般采用八进制编号，一个端子占用一个点。它有 4 种寻址方式（即可以按位、字节、字或双字）来存取输出过程映像寄存器中的数据。

位格式：Q［字节地址］.［位地址］

如 Q0.2。

字节、字或双字格式：Q［长度］［起始字节地址］

如 QB2、QW6、QD4。

3. 变量存储区（V）

用户可以用变量存储区存储程序执行过程中控制逻辑操作的中间结果，也可以用它来保存与工序或任务相关的其他数据。它有 4 种寻址方式（即可以按位、字节、字或双字）来存取变量存储区中的数据。

位格式：V［字节地址］.［位地址］

如 V10.2。

字节、字或双字格式：V［数据长度］［起始字节地址］

如 VB100、VW200、VD300。

4. 位存储区（M）

在逻辑运算中通常需要一些存储中间操作信息的元件，它们并不直接驱动外部负载，只起中间状态的暂存作用，类似于继电器接触系统中的中间继电器。在 S7 – 200 系列 PLC 中，可以用位存储器作为控制继电器来存储中间操作状态和控制信息。一般以位为单位使用。

位存储区有 4 种寻址方式（即可以按位、字节、字或双字）来存取位存储器中的数据。

位格式：M［字节地址］.［位地址］

如 M0.3。

字节、字或双字格式：M［数据长度］［起始字节地址］

如 MB4、MW10、MD4。

5. 特殊标志位（SM）

特殊标志位为用户提供一些特殊的控制功能及系统信息，用户对操作的一些特殊要求也要通过 SM 通知系统。特殊标志位分为只读区和可读可写区两部分。

只读区特殊标志位，用户只能使用其触点，示例如下。

SM0.0　RUN 监控，PLC 在 RUN 状态时，SM0.0 总为 1。

SM0.1　初始化脉冲，PLC 由 STOP 转为 RUN 时，SM0.1 接通一个扫描周期。

SM0.2　当 RAM 中保存的数据丢失时，SM0.2 接通一个扫描周期。

SM0.3　PLC 上电进入 RUN 时，SM0.3 接通一个扫描周期。

SM0.4　该位提供了一个周期为 1 min，占空比为 0.5 的时钟。

SM0.5　该位提供了一个周期为 1 s，占空比为 0.5 的时钟。

SM0.6　该位为扫描时钟，本次扫描置 1，下次扫描置 0，交替循环。可作为扫描计数器的输入。

SM0.7　该位指示 CPU 工作方式开关的位置，0 = TERM，1 = RUN。通常用来在 RUN 状态下启动自由口通信方式。

可读可写特殊标志位用于特殊控制功能，如用于自由口设置的 SMB30、用于定时中断时间设置的 SMB34/SMB35、用于高速计数器设置的 SMB36 ~ SMB62 以及用于脉冲输出和脉冲调制的 SMB66 ~ SMB85 等。

6. 定时器区（T）

在 S7 – 200 PLC 中，定时器作用相当于时间继电器，可用于时间增量的累计。其分辨率分有 3 种，即 1 ms、10 ms 和 100 ms。

定时器有以下两种寻址形式。

（1）当前值寻址：16 位有符号整数，存储定时器所累计的时间。

（2）定时器位寻址：根据当前值和预置值的比较结果置位或者复位。

两种寻址使用同样的格式。

格式：T［定时器编号］

如 T37。

7. 计数器区（C）

在 S7 – 200 PLC CPU 中，计数器用于累计从输入端或内部元件送来的脉冲数。它有增计数器、减计数器及增/减计数器 3 种类型。由于计数器频率及扫描周期的限制，当需要对高频信号计数时可以用高频计数器（HSC）。

计数器有以下两种寻址形式。

（1）当前值寻址：16 位有符号整数，存储累计脉冲数。

（2）计数器位寻址：根据当前值和预置值的比较结果置位或者复位。同定时器一样，两种寻址方式使用同样的格式。

格式：C［计数器编号］

如 C0。

8. 高速计数器（HC）

高速计数器用于对频率高于扫描周期的外界信号进行计数，高速计数器使用主机上的专用端子接收这些高速信号。高速计数器是对高速事件计数，它独立于 CPU 的扫描周期，其数据为 32 位有符号的高速计数器的当前值。

格式：HC［高速计数器号］

如 HC1。

9. 累加器（AC）

累加器是用来暂存数据的寄存器，可以同子程序之间传递参数，以及存储计算结果的中间值。S7 - 200 PLC 提供了 4 个 32 位累加器 AC0 ~ AC3。可以按字节、字和双字的形式来存取累加器中的数值。

格式：AC［累加器号］

如 AC1。

10. 局部变量存储区（L）

局部变量存储器与变量存储器类似，主要区别在于局部变量存储器是局部有效的，变量存储器则是全局有效。全局有效是指同一个存储器可以被任何程序（如主程序、中断程序或子程序）存取，局部有效是指存储区和特定的程序相关联。局部变量存储器常用来作为临时数据的存储器或者为子程序传递函数。可以按位、字节、字或双字来存取局部变量存储区中的数据。

位格式：L［字节地址］.［位地址］

如 L0.5。

字节、字或双字格式：L［数据长度］［起始字节地址］

如 LB34、LW20、LD4。

11. 顺序控制继电器存储区（S）

顺序控制继电器又称状态元件，用来组织机器操作或进入等效程序段工步，以实现顺序控制和步进控制。状态元件是使用顺序控制继电器指令的重要元件，在 PLC 内为数字量。

可以按位、字节、字或双字来存取状态元件存储区中的数据。

位格式：S［字节地址］.［位地址］

如 S0.6。

字节、字或双字格式：S［数据长度］［起始字节地址］

如 SB10、SW10、SD4。

12. 模拟量输入（AI）

S7 - 200 PLC 将模拟量值（如温度或电压）转换成 1 个字长（16 位）的数字量。可以用区域标识符（AI）、数据长度（W）及字节的起始地址来存取这些值。因为模拟输入量为

1个字长，且从偶数位字节（如0、2、4）开始，所以必须用偶数字节地址（如AIW0、AIW2、AIW4）来存取这些值。模拟量输入值为只读数据，模拟量转换的实际精度是12位。

格式：AIW［起始字节地址］

如AIW4。

13. 模拟量输出（AQ）

S7-200 PLC将1个字长（16位）数字值按比例转换为电流或电压。可以用区域标识符（AQ）、数据长度（W）及字节的起始地址来改变这些值。因为模拟量为1个字长，且从偶数字节（如0、2、4）开始，所以必须用偶数字节地址（如AQW0、AQW2、AQW4）来改变这些值。模拟量输出值为只写数据。模拟量转换的实际精度是12位。

格式：AQW［起始字节地址］

如AQW4。

 【任务实施】

1. I/O点分配

根据任务分析，对输入量、输出量进行分配，如表1-21所示。

表1-21 I/O分配表

输入量（IN）			输出量（OUT）		
元件代号	功能	输入点	元件代号	功能	输出点
SB1	正转按钮	I0.0	KM1	接触器线圈	Q0.0
SB2	反转按钮	I0.1	KM2	接触器线圈	Q0.1
SB3	停止按钮	I0.2			
FR	热继电器常闭触点	I0.3			

2. 绘制PLC硬件接线图

根据图1-48所示的控制线路图及I/O分配表绘制PLC硬件接线图，如图1-53所示，以保证硬件接线操作正确。

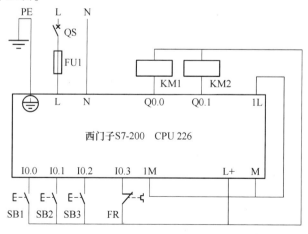

图1-53 PLC硬件接线图

3. 设计梯形图程序及语句表

（1）采用启保停电路设计正/反转控制线路梯形图程序，其梯形图程序及指令表如图 1-54 所示。

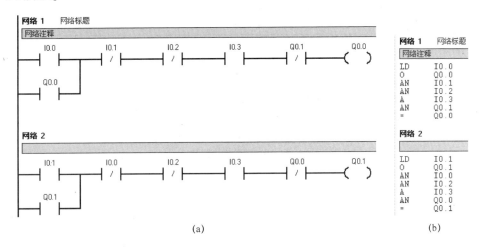

图 1-54　梯形图程序及指令表

（a）梯形图；（b）指令表

（2）采用 S、R 指令设计梯形图程序，其梯形图程序及指令表如图 1-55 所示。

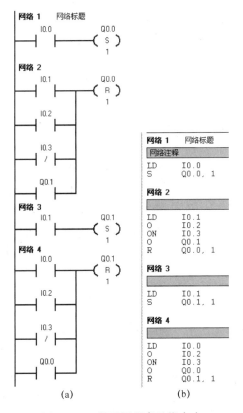

图 1-55　梯形图程序及指令表

（a）梯形图；（b）指令表

4. 任务考核

考核评分表如表1-22所示。

表1-22　考核评分表

实施步骤	考核内容	分值	成绩
接线	拟定接线图，完成各设备之间的连接	10	
编程	编程并录入梯形图程序，编译、下载	10	
调试及故障排除	调试：PLC处于RUN状态，闭合开关SA 故障排除：逐一检查输入和输出回路 说明：①能准确完成软、硬件联调，显示正确结果 ②若结果错误，能找出故障点并解决	20	
成果演示		10	
总评成绩		50	

【知识链接】

PLC 的数字量 I/O 模块

S7-200 PLC的接口模块主要有数字量I/O模块、模拟量I/O模块、智能模块等。数字量I/O模块是为了解决本机集成的数字量I/O点不能满足需要而使用的扩展模块，S7-200 PLC目前总共可以提供3大类，共9种数字量I/O模块。

1. 数字量 I/O 模块

1）直流输入模块

直流输入模块（EM221 8×DC 24V）有8个数字量输入端子。图1-56中8个数字量输入点分成两组。1M、2M分别是两组输入点内部电路的公共端，每组需用户提供一个直流24V电源。

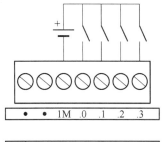

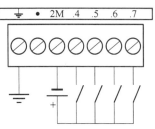

2）交流输入模块

交流输入模块（EM221 8×AC 120 V/230 V）有8个分隔式数字量输入端子，交流输入模块端子的接线如图1-57所示，图中输入点都占用两个接线端子，它们各自使用一个独立的交流电源（由用户提供），这些交流电源可以不同相。

EM221模块的具体技术性能如表1-23所示。

3）直流输出模块

数字量输出模块的每一个输出点能控制一个用户的离散型负载。典型的负载包括继电器线圈、接触器线圈、电磁阀线圈、指示灯等。每一个输出点与一个且仅与一个输出电路相连，通过输出电路把CPU运算处理的结果转换成驱动现场执行机构的各种大功率的开关信号。由于现场执行机构所需电流是多种多样的，因此，数字量输出模块分

图1-56　直流输入模块端子接线

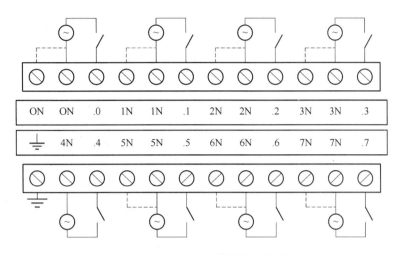

图 1-57 交流输入模块端子接线

为直流输出模块、交流输出模块、交直流输出模块 3 种。

表 1-23 EM221 的技术性能

型　号	EM221 数字量输入模块	
总体特性	外形尺寸: 46 mm × 80 mm × 62 mm	功耗: 2 W
输入特性	本机输入点数: 8 点数字量输入 输入电压: 最大 DC 30 V, 标准 DC 24 V/4 mA 隔离: 光耦合, AC 500 V, 1 min, 4 点/组 输入延时: 最大 4.5 ms 电缆长度: 不屏蔽 350 m, 屏蔽 500 m	
耗电	从 CPU 的 DC 5 V (I/O 总线) 耗电 30 mA	
接线端子	1M、0.0、0.1、0.2、0.3 为第一组, 1M 为第一组公共端 2M、0.4、0.5、0.6、0.7 为第二组, 2M 为第二组公共端	

直流输出模块 (EM222 8 × DC 24 V) 有 8 个数字量输出端子, 图 1-58 是直流输出端子的接线图, 其外形如图 1-59 所示。图中 8 个数字量输出点分成两组, 1L+、2L+ 分别是两组输出点内部电路的公共端, 每组需用户提供一个直流 24 V 的电源。

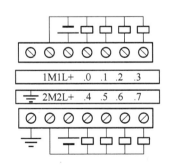

图 1-58 EM222 直流输出模块端子接线

图 1-59 EM222 直流输出模块

4）交流输出模块

交流输出模块（EM222 8 × AC 120 V/230 V）有 8 个分隔式数字量输出点，图 1 – 60 所示为交流输出模块端子的接线。图中每个输出点占用两个接线端子，且它们各自都由用户提供一个独立的交流电源，这些交流电源可以不同相。

5）交直流输出模块

交直流输出模块（EM222 8 × 继电器）有 8 个输出点，分成两组，1L、2L 是每组输出点内部电路的公共端。每组需由用户提供一个外部电源（可以是直流或是交流电源）。图 1 – 61 所示为继电器输出模块端子的接线。

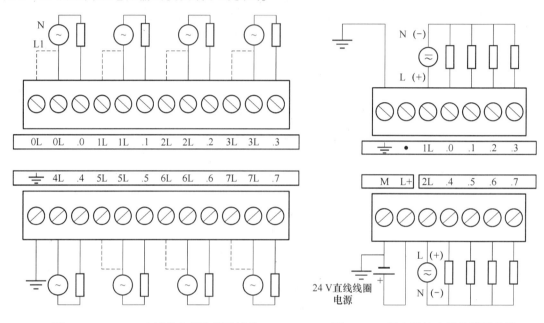

图 1 – 60　EM222 交流输出模块端子接线　　　　图 1 – 61　继电器输出模块端子接线

继电器输出方式的特点是输出电流大（可达 2 ~ 4 A），可带交流、直流负载，适应性强，但响应速度慢。EM222 数字量输出模块的技术性能如表 1 – 24 所示。

表 1 – 24　EM222 的技术性能

型号	EM222 数字量（DC）输出模块	
总体特性	外形尺寸：46 mm × 80 mm × 62 mm	功耗：2 W
输出特性	本机输出点数：8 点数字量输出 输出电压：DC 20.4 ~ 28.8 V，标准 DC 24 V 输出电流：0.75 A/点 隔离：光隔离，AC 500 V，1 min，4 点/组 输出延时：OFF 到 ON 50 μs，ON 到 OFF 200 μs 电缆长度：不屏蔽 150 m，屏蔽 500 m	
耗电	从 CPU 的 DC 5 V（I/O 总线）耗电 50 mA	

型号	EM222 数字量（DC）输出模块
接线端子	1M、1L+、0.0、0.1、0.2、0.3 为第一组，1L+ 为第一组的公共端接电源正极，1M 为第一组电源负极 2M、2L+、0.4、0.5、0.6、0.7 为第二组，2L+ 为第二组的公共端接电源正极，2M 为第二组电源负极

6）输入输出混合模块

S7－200 PLC 配有数字量输入输出模块（EM223），在一块模块上既有数字量输入点，又有数字量输出点，这种模块使系统配置更加灵活，EM223 的技术性能如表1－25 所示。

表 1－25 EM223 的技术性能

型　　号	EM223 数字量（DC 输入/继电器输出）组合模块
总体特性	外形尺寸：71.2 mm × 80 mm × 62 mm　　　　功耗：3 W
输入特性	本机输入点数：4/8/16 路数字量输入 输入电压：最大 DC 30 V，标准 DC 24 V/4 mA 隔离：光隔离，AC 500 V，1 min，4 点/组 输入延时：最大 4.5 ms　　　电缆长度：不屏蔽 350 m，屏蔽 500 m
输出特性	本机输出点数：4/8/16 点数字量输出 输出电压：DC 5～30 V，AC 5～250 V 输出电流：2.05 A/点 隔离：光隔离，AC 500 V，1 min，4 点/组 输出延时：最大 10 ms 电缆长度：不屏蔽 150 m，屏蔽 500 m
耗电	从 CPU 的 DC 5 V（I/O 总线）耗电 40/80/150 mA
输入接线端子 （以 16 点为例）	1M、0.0、0.1、…0.7 为第一组，1M 为第一组公共端 2M、0.0、0.1、…0.7 为第二组，2M 为第二组公共端
输出接线端子 （以 16 点为例）	1L、0.0、0.1、0.2、0.3 为第一组，1L 为第一组公共端 2L、0.4、0.5、0.6、0.7 为第二组，2L 为第二组公共端 3L、0.0、0.1、0.2、0.3 为第三组，3L 为第三组公共端 4L、0.4、0.5、0.6、0.7 为第四组，4L 为第二组公共端 M 为 DC 24 V 电源负极端，L+ 为 DC 24 V 电源正极端

2. 模拟量 I/O 模块

模拟量 I/O 模块提供了模拟量输入和模拟量输出的扩展功能。S7－200 PLC 的模拟量扩展模块具有较大的适应性，可以直接与传感器相连，并有很大的灵活性且安装方便。

1) 模拟量输入模块

模拟量输入模块（EM231）具有 4 路模拟量输入，输入信号可以是电压，也可以是电流，其输入与 PLC 具有隔离，输入信号的范围可以由 SW1、SW2 和 SW3 设定，具体技术性能如表 1－26 所示。

表 1－26　EM231 的技术性能

型号	EM231 模拟量输入模块			
总体特性	外形尺寸：71.2 mm×80 mm×62 mm		功耗：3 W	
输入特性	本机输入点数：4 路模拟量输入 电源电压：标准 DC 24 V/4 mA 输入类型：0～10 V、0～5 V、±5 V、±2.5 V、0～20 mA 分辨率：12 bit　　转换速度：250 μs			
耗电	从 CPU 的 DC 5 V（I/O 总线）耗电 10 mA			
开关设置	SW1 ON ON OFF OFF	SW2 OFF ON OFF ON	SW3 ON OFF ON OFF	输入类型 0～10 V 0～5 V 或 0～20 mA ±5 V ±2.5 V
接线端子	M 为 DC 24 V 电源负极端，L＋为电源正极端 RA、A＋、A－；RB、B＋、B－；RD、D＋、D－分别为 1~4 路模拟量输入端 电压输入时，"＋"为电压正端，"－"为电压负端 电流输入时，需将"R"与"＋"短接后作为电流的流入端，"－"为电流流出端			

图 1－62 是 EM231 模拟量输入模块的接线，模块上部共有 12 个端子，每 3 个点为一组作为一路模拟量的输入通道，对应电压信号只用两个端子（见图 1－62 中的 A＋、A－），电流信号需用 3 个端子（见图 1－62 中的 RC、C＋、C－），其中 RC 与 C＋端子短接。对于未用的输入通道应短接（见图 1－62 中的 B＋、B－）。模块下部左端 M、L＋两端应接入直流 24 V 电源，右端分别是校准电位器和配置设置开关（DIP）。

2) 模拟量输出模块

模拟量输出模块（EM232）具有两个模拟量输出通道。每个输出通道占用存储器 AQ 域两个字节。该模块输出的模拟量可以是电压信号，也可以是电流信号。其技术性能如表 1－27 所示。

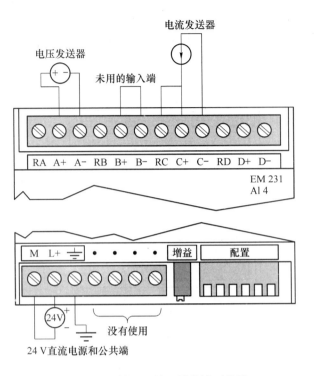

图 1 - 62　模拟量输入模块端子接线

表 1 - 27　EM232 的技术性能

型　号	EM232 模拟量输出模块	
总体特性	外形尺寸：71. 2 mm × 80 mm × 62 mm	功耗：3 W
输出特性	本机输出：2 路模拟量输出 电源电压：标准 DC 24 V/4 mA 输出类型：± 10 V、0 ~ 200 mA 分辨率：12 bit 转换速度：100 μs（电压输出），2 mA（电流输出）	
耗电	从 CPU 的 DC 5 V（I/O 总线）耗电 10 mA	
接线端子	M 为 DC 24 V 电源负极端，L + 为电源正极端 M0、V0、I0；M1、V1、I1 分别为第 1、2 路模拟量输出端 电压输出时，"V" 为电压正端，"M" 为电压负端 电流输出时，"I" 为电流的流入端，"M" 为电流流出端	

　　图 1 - 63 是 EM232 模拟量输出模块端子的接线。模块上部有 7 个端子，左端起的每 3 个点为一组，作为一路模拟量输出，共两组。第一组 V0 端接电压负载、I0 端接电流负载，M0 为公共端。第二组 M1、V1、I1 的接法与第一组相同。输出模块下部 M、L + 两端接入直流 24 V 供电电源。

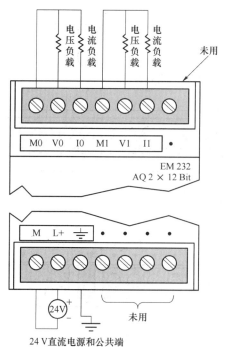

图1-63 模拟量输出模块端子接线

【思考与练习】

（1）用PLC改造正/反转控制线路时应如何保证联锁控制？

（2）在生产加工过程中，往往要求电动机能够实现正/反两个方向的转动。图1-64画出了3种电动机正/反转的控制电路，试比较其不同。

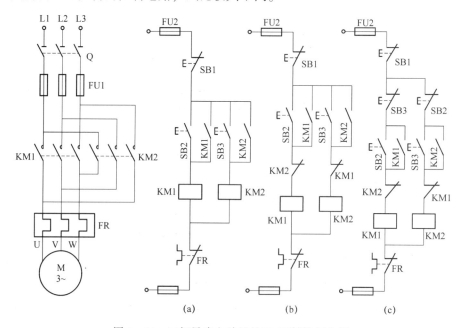

图1-64 三相异步电动机的正/反转控制电路

（3）使用置位、复位指令，设计两台电动机手动控制启、停控制程序。控制要求：第一台电动机启动后，第二台才能启动；第二台停止后，第一台才能停止。

【做一做】

实验题目：用PLC控制三相异步电动机反接制动控制电路的设计、安装与调试。

实验目的：熟悉PLC程序设计方法。

实验要求：

1）准备要求

设备：两个开关SB1、SB2，一个速度继电器，一个热继电器，两个接触器KM1、KM2，一台电动机及其相应的电气元件等。

2）控制要求

如图1-65所示，反接制动是利用改变电动机定子绕组中三相电源相序，使定子绕组中的旋转磁场反向，产生与原有转向相反的电磁转矩——制动力矩，使电动机迅速停转。

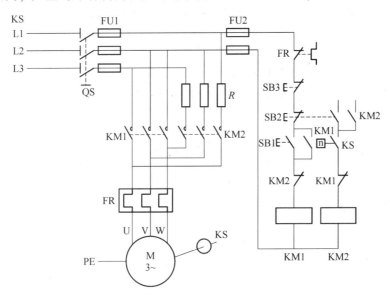

图1-65　三相异步电动机的反接制动控制电路

实验结果：能操作计算机正确地将程序输入PLC，按控制要求进行调试，达到设计要求。

项目二

定时器在交通灯控制系统中的应用

本项目通过十字路口交通灯的控制来完成定时器的学习。定时器是 PLC 中最常用的元件之一，掌握它的工作原理对于 PLC 的程序设计非常重要。西门子 S7 - 200 系列 PLC 的定时器为增量型定时器，用于实现时间控制。下面分 4 个任务来进行学习。

任务一　简易交通灯控制

 【任务目标】

（1）掌握西门子 S7 - 200 系列定时器指令。

（2）熟练运用定时器指令进行交通灯定时控制。

（3）熟悉 PLC 的编程过程。

 【任务分析】

图 2 - 1 是交通灯的控制示意图，系统工作受开关控制，启动开关位于"ON"位置则系统开始工作，系统 24 小时循环运行，启动开关位于"OFF"位置则系统停止工作。信号灯分东西、南北两组，有"红""黄""绿"3 种颜色。东西/南北方向的两组红灯/黄灯/绿灯是同时动作的，图 2 - 2 表明了输出信号之间的时间关系，因此可以将该图称为控制时序图。

从图中分析可知，两个方向的灯点亮完成周期要 50 s。当系统工作时首先东西绿灯、南北红灯点亮 20 s，20 s 时间到关闭东西绿灯点亮东西黄灯 5 s，5 s 时间到关闭东西黄灯南北红灯，点亮东西红灯、南北绿灯 20 s，20 s 时间到关闭

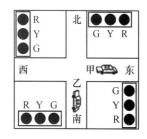

图 2 - 1　十字路口交通灯示意图

南北绿灯点亮南北黄灯 5 s，5 s 时间到关闭东西红灯、南北黄灯，点亮东西绿灯及南北红灯，至此完成一个控制周期，周而复始。此简易交通灯并不区分主辅路，东西向和南北向灯的时间一样。

在设计系统时，考虑当系统工作时首先东西绿灯、南北红灯点亮，同时启动定时器 T37 开始延时；延时时间到关闭东西绿灯、点亮东西黄灯，同时启动定时器 T38 延时；延时时间到关闭东西黄灯、南北红灯，同时点亮东西红灯、南北绿灯，并启动定时器 T39 延时；延时时间到关闭南北绿灯，点亮南北黄灯，同时启动定时器 T40；延时时间到关闭东西红灯、南北黄灯，点亮东西绿灯及南北红灯，至此完成一个控制周期。当 T40 延时时间到时启动 T37，则重新开始循环。这种思路的实质是利用定时器的串联来实现灯的亮灭，如图 2－3 所示。

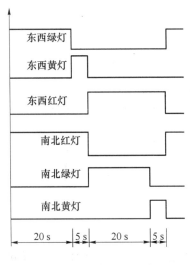

图 2－2　交通灯控制时序图

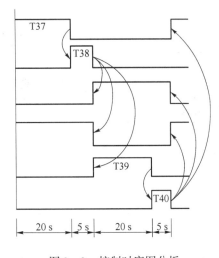

图 2－3　控制时序图分析

 【背景知识】

一、定时器

定时器在 S7－200 系列 PLC 基本指令中占有很重要的地位，如果能够熟练、正确地掌握定时器的使用方法，可以为以后的编程避免很多麻烦。

S7－200 PLC 指令集提供 3 种不同类型的定时器：通电延时定时器（TON），用于单间隔计时；记忆型通电延时定时器（TONR），用于累计一定数量的定时间隔；断电延时定时器（TOF），用于延长关闭时间，如电动机停转后风扇继续转动使电动机冷却。

1. 定时器指令格式

定时器指令格式如表 2－1 所示。

2. 定时器的时基

按照时基标准，定时器可以分为 1 ms、10 ms、100 ms 这 3 种类型，不同的时基标准，其定时精度、定时范围和定时器的刷新方式各不相同。定时器工作方式及类型如表 2－2 所示。

表 2-1　定时器指令格式

指令	梯形图	语句表	说明
通电延时定时器	???? IN　TON ????-PT　???ms	TON T××，PT	IN 是使能输入端，指令盒上方输入定时器编号（T××），范围为 T0～T255，PT 是预设值输入端，最大预设值为 32767 PT 的数据类型为 INT PT 操作数有 IW、QW、MW、SMW、T、C、VW、SW、AC、常数
断电延时定时器	???? IN　TOF ????-PT　???ms	TOF T××，PT	
记忆型通电延时定时器	???? IN　TONR ????-PT　???ms	TONR T××，PT	

表 2-2　定时器工作方式及类型

工作方式	分辨率/ms	最大定时时间/s	定时器号
TONR	1	32.767	T0、T64
	10	327.67	T1～T4、T65～T68
	100	3 276.7	T5～T31、T69～T95
TON/TOF	1	32.767	T32、T96
	10	327.67	T33～T36、T97～100
	100	3 276.7	T37～T63、T101～T255

（1）定时精度。

定时器使能输入有效后，当前值寄存器对 PLC 内部的时基脉冲进行增 1 计数，最小计数单位为时基脉冲的宽度。所以时基代表着定时器的定时精度，又称分辨率。

（2）定时范围。

定时器使能输入有效后，当前值寄存器对时基脉冲进行增计数，但计数值等于或大于定时器预设值后，状态位置 1。从定时器输入有效到状态位输出有效所经过的时间为定时时间。定时时间 = 时基×预设值。时基越大，定时时间越长，但精度越差。

（3）定时器的刷新方式。

1 ms 定时器每隔 1 ms 刷新一次（定时器位及定时器当前值），不与扫描循环同步。换言之，在超过 1 ms 的扫描过程中，定时器位和定时器当前值将多次更新。

10 ms 定时器在每次扫描循环的开始刷新，其方法是以当前值加上积累的 10 ms 间隔的数目（自前一次扫描开始算起），换言之，在整个扫描过程中，定时器当前值及定时器位保持不变。

100 ms 定时器在执行定时器指令时以当前值加上积累的 100 ms 间隔的数目（自前一次扫描开始算起），只有在执行定时器指令时才对 100 ms 定时器的当前值进行更新。

因为可在 1 ms、10 ms、100 ms 内的任意时刻启动定时器，为避免计时时间丢失，一般要求预设值必须设为比最小要求定时器间隔大一个时间间隔。例如，使用 1 ms 定时器时，为了保证时间间隔至少为 56 ms，则预设时间值应设为 57。

注意：TOF 及 TON 不能共享相同的定时器号码。例如，不能有 TON T32 和 TOF T32，可以将 TON 用于单间隔计时。可用"复原"（R）指令复原任何定时器。"复原"指令执行下列操作：定时器位 = 关闭，定时器当前值 = 0。

3. 定时器工作原理

下面分别从原理、应用等方面介绍 TON、TONR 和 TOF 这 3 种定时器。

1）通电延时定时器 TON（On – Delay Timer）

使能端 IN 输入有效时，定时器开始计时，当前值从 0 开始递增，大于或等于预设值（PT）时，定时器输出状态位置 1（输出触点有效），当前值的最大值为 32 767。使能端无效（断开）时，定时器复位（当前值清零，输出状态位置 0）。通电延时定时器应用程序及运行时序如图 2 – 4 所示。

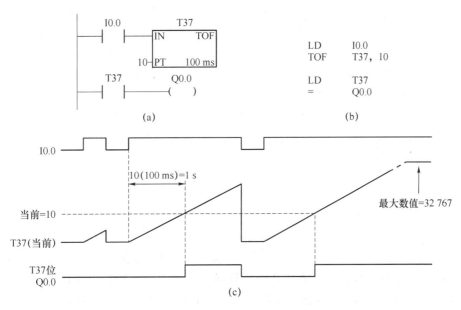

图 2 – 4　通电延时定时器指令使用

（a）通电延时定时器梯形图；（b）通电延时定时器语句表；（c）通电延时定时器时序图

2）记忆型通电延时定时器 TONR（Retentive On – Delay Timer）

使能端 IN 输入有效时，定时器开始计时，当前值从 0 开始递增，大于或等于预设值（PT）时，定时器输出状态位置 1（输出触点有效）；使能端无效（断开）时，当前值保持（记忆）；使能端再次输入有效时，定时器从原记忆值基础上递增计时，最大值为 32767。因为记忆型通电延时定时器不能像通电延时定时器那样，由于输入使能端（IN）断开，定时器当前值清零，因此，记忆型通电延时定时器 TONR 采用线圈复位指令（R）进行复位操作，当复位线圈有效时，定时器当前值清零，输出状态位置 0。记忆型通电延时定时器应用程序及运行时序如图 2 – 5 所示。

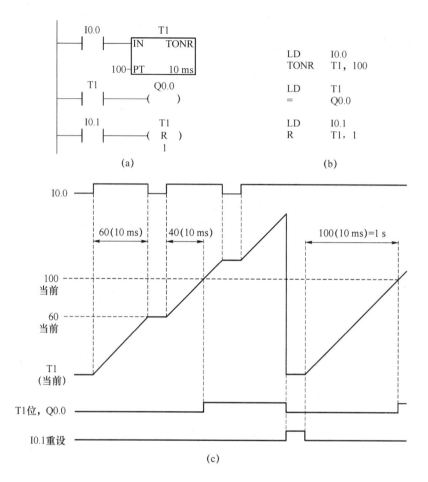

图2-5　记忆型通电延时定时器指令使用

（a）记忆型通电延时定时器梯形图；（b）记忆型通电延时定时器语句表；（c）记忆型通电延时定时器时序图

3）断电延时定时器 TOF（Off - Delay Timer）

使能端 IN 输入有效时，定时器输出状态位置1，当前值复位（为0）。使能端无效（断开）时，定时器开始计时，当前值从0开始递增，大于或等于预设值（PT）时，定时器状态为复位置0，并停止计时，当前值保持。断电延时定时器应用程序及运行时序如图2-6所示。

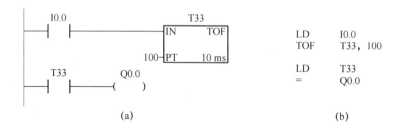

图2-6　断电延时型定时器指令使用

（a）断电延时定时器梯形图；（b）断电延时定时器语句表

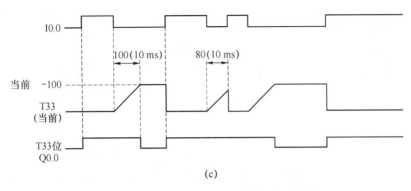

(c)

图 2-6 断电延时定时器指令使用（续图）

（c）断电延时定时器时序图

二、比较指令

比较指令是将两个操作数（IN1、IN2）按指定的比较关系进行比较。比较关系成立则比较触点闭合。比较指令为上下限控制以及数值条件判断提供了极大的方便。比较时应确保两个操作数的数据类型相同，数据类型可以是字节 B、整数 I、双字整数 D 和实数 R。在梯形图中用带参数和运算符的触点表示比较指令，比较条件满足时，触点闭合；否则断开。梯形图程序中，比较触点可以装入，也可以串联、并联。

比较指令的运算符有 ==（等于）、<=（小于等于）、>=（大于等于）、<（小于）、>（大于）、<>（不等于）。

例如，有一个恒温水池，要求温度在 30℃~60℃之间，当温度低于 30℃时，启动加热器加热，红灯亮；当温度高于 60℃时，停止加热，指示绿灯亮。

假设温度值存放在 MB0 中。控制程序如图 2-7 所示。

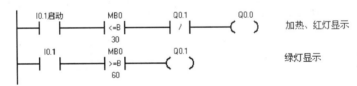

图 2-7 比较指令的应用

【任务实施】

1. 系统分析并确定控制方案

通过前面任务分析，发现只需要 4 个定时器就可以完成整个时序控制，根据知识链接部分讲述的 3 种定时器，选用通电延时定时器 TON，T37 定时时间 20 s，T38 定时时间 5 s，T39 定时时间 20 s，T40 定时时间 5 s。选用时基为 100 ms，则预设值分别为 200、50、200、50，由此得出时序图 2-3。

2. I/O 点分配

根据任务分析，对输入量、输出量进行分配，启停按钮设为 I0.0，东西绿灯、东西黄灯、东西红灯、南北红灯、南北绿灯和南北黄灯分别设为 Q0.0~Q0.5，具体如表 2-3 所示。

3. 绘制电气原理图及硬件连接

根据图 2-2 和图 2-3 所示的时序图及 I/O 分配表接线，并保证硬件接线操作正确。

表2-3　输入、输出信号地址分配表

输入量（IN）			输出量（OUT）		
元件代号	功能	输入点	元件代号	功能	输出点
SA	启/停按钮	I0.0	HL1	东西绿灯	Q0.0
			HL2	东西黄灯	Q0.1
			HL3	东西红灯	Q0.2
			HL4	南北红灯	Q0.3
			HL5	南北绿灯	Q0.4
			HL6	南北黄灯	Q0.5

4. 编写程序

根据任务分析画出梯形图程序，如图2-8示。

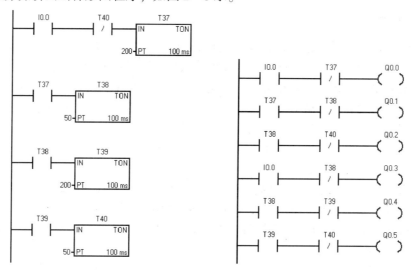

图2-8　简易交通灯控制梯形图程序

本任务中并未像实际交通灯系统中，绿灯在最后3 s内闪烁3次，同学们可以考虑如何实现这一要求。

5. 项目实施考核表

项目实施考核表如表2-4所示。

表2-4　项目实施考核表

实施步骤	考核内容	分值	成绩
接线	拟定接线图，完成各设备之间的连接	10	
编程	编程并录入梯形图程序，编译、下载	10	
调试及故障排除	调试：PLC处于RUN状态，闭合开关SA 故障排除：逐一检查输入和输出回路 说明：①能准确完成软、硬件联调，显示正确结果 ②若结果错误，能找出故障点并解决	20	
成果演示		10	
总评成绩		50	

【知识链接】

定时器的正确使用

图 2-9 所示为使用定时器本身的动断触点作为激励，希望经过延时产生一个机器扫描周期的时钟脉冲输出。定时器状态复位时，依靠本身的动断触点（激励输入）的断开使定时器复位，重新开始设定时间，进行循环工作。采用不同的时基标准的定时器会有不同的运行结果，具体分析如下。

（1）1 ms 时基定时器 T32 每隔 1 ms 刷新一次当前值，CPU 当前值若恰好在处理动断触点和动合触点之间被刷新，Q0.0 可以接通一个扫描周期，但这种情况出现的概率很小。一般情况下不会正好在这时刷新。若在执行其他指令时定时时间到，1 ms 的定时刷新会使定时器输出状态置位，动断触点打开，当前值复位，定时器输出状态位立即复位，所以输出线圈 Q0.1 一般不会通电。

（2）若将图 2-9 所示的定时器换成 T33，时基变为 10 ms，当前值在每个扫描周期开始时刷新，定时器输出位状态置位，动断触点断开，立即将定时器当前值清零，定时器输出状态位复位（为0），这样，输出线圈永远不可能通电。

（3）若将图 2-9 所示的定时器换成 T37，时基变为 100 ms，当前指令执行时刷新，Q0.0 在 T37 计时时间到时准确地接通一个扫描周期，可以输出一个 OFF 时间为定时时间，ON 时间为一个扫描周期的时钟脉冲。

因此，综上所述，用本身触点作激励输入的定时器，时基为 1 ms 和 10 ms 时不能正常工作，一般不宜使用本身触点作为激励输入。若将图 2-9 改为图 2-10，则无论是何种时基都能正常工作。

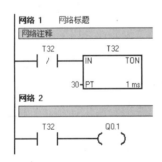

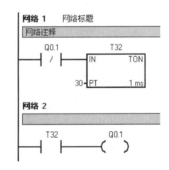

图 2-9 自身激励输入程序　　　　图 2-10 非自身激励输入程序

 【思考与练习】

（1）S7-200 PLC 定时器有几种？定时时间如何设置？

（2）写出通电延时 5 s 后，M0.0 置位；断电延时 3 s 后 M0.0 被复位的程序。

（3）图 2-11 完成了什么功能？画出 Q0.0 的时序图。

（4）请说明输入端为 9，执行指令 SEG 5，QB0 后，（QB0）= ?

```
   I0.0        T37         Q0.0
   ─┤├────┬────┤/├─────────(  )
           │
   Q0.0    │              I(0.0)        T37
   ─┤├─────┘              ─┤/├───────┤IN    TON│
                                     │          │
                                 +40─┤PT        │
```

图 2 – 11　练习 3 程序

 【做一做】

实验一

实验题目：用 PLC 控制电动机星角降压启动电路程序设计。

实验目的：熟悉 STEP 7 – Micro/WIN 编程软件的使用方法。

实验要求：

按下"启动"按钮，KMY 得电，电动机先作 Y 连接。1 s 后，得电，主回路"总开关"触点闭合，电动机星形启动。10 s 后，KM$_Y$、KM 失电，电动机惯性运行。延时 1 s 后，KM$_△$ 得电，电动机换接到△连接。延时 1 s 后，KM 得电，电动机三角形运行。按下"停止"按钮，KM、KM$_Y$、KM$_△$ 全部失电，电机停止运行。

实验过程：

（1）填写灯控制系统的 I/O 端口分配表（表 2 – 5）。

表 2 – 5　灯控制系统的 I/O 端口分配表

输入端子			输出端子		
名称	代号	输入点编号	名称	代号	输出点编号
启动按钮	SB1		交流接触器1	KM	
停止按钮	SB2		交流接触器2	KM$_△$	
			交流接触器3	KM$_Y$	

（2）编写控制程序。

（3）调试、连线运行程序。

实验二

实验题目：顺序启动控制。

实验目的：熟悉 STEP 7 – Micro/WIN 编程软件的使用方法。

实验要求：

有 3 台电动机 M1、M2、M3，按下启动按钮后，M1 立即启动，60 s 后 M2 自动启动，再过 60 s 后 M3 自动启动。按下停止按钮，3 台电动机同时停止。

实验过程：

（1）填写灯控制系统的 I/O 端口分配表（表 2 - 6）。

表 2 - 6 灯控制系统的 I/O 端口分配表

输入端子			输出端子		
名称	代号	输入点编号	名称	代号	输出点编号
启动按钮	SB1		交流接触器 1	KM1	
停止按钮	SB2		交流接触器 2	KM2	
			交流接触器 3	KM3	

（2）编写控制程序。

（3）调试、连线运行程序。

任务二 主辅路时间区分交通灯控制

【任务目标】

（1）正确使用 PLC 基本指令及定时器指令进行编程操作。

（2）按照编程规则正确编写简单的控制程序。

（3）掌握闪烁电路的程序设计方法。

【任务分析】

本任务是在上一任务基础上，将东西方向设为主干道，南北方向设为辅路。主干道绿灯时长 50 s，辅路绿灯时长 20 s，绿灯最后 3 s 闪烁 3 次，两方向黄灯时长均为 3 s。控制时序如图 2 - 12 所示。

由图 2 - 12 所示的时序图可以得出结论，若不考虑绿灯闪烁的问题，只要将上一任务中各定时器预设值加以改动即可。仍然是利用定时器的串联来解决问题。

但是本任务增加了绿灯闪烁的 3 s 时间，就要考虑作为绿灯输出线圈的 Q0.0 除了在 0 ~

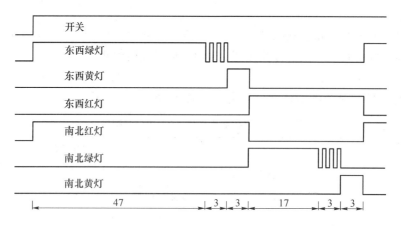

图 2 – 12   主、辅路时间区分交通灯时序图

47 s 要常亮以外，在 48 ~ 50 s 还要闪烁 3 次。因此用两种方法实现闪烁：一种是用 S7 – 200 自带的 1 s 时钟脉冲来实现；另一种是用定时器 T50、T51 构成的闪烁电路来实现，详见本任务的知识链接。

 【背景知识】

一、数据传送指令

数据传送指令有字节、字、双字和实数的单个传送指令，也有以字节、字、双字为单位的数据块的成组传送指令，用来实现各存储器单元之间数据的传送和复制。

1. 单一数据传送指令 MOVB、MOVW、MOVD、MOVR

单一数据传送指令一次完成一个字节、字、双字或实数的传送。指令格式见表 2 – 7。

表 2 – 7   单一数据传送指令格式

指令	梯形图	语句表	备注
字节传送	MOV_B EN ENO ????- IN OUT -????	MOVB IN，OUT	使能输入 EN 有效时，将 IN 指定的数据复制到 OUT 指定的存储器单元中 注意：IN 和 OUT 的数据类型应相同
字传送	MOV_W EN ENO ????- IN OUT -????	MOVW IN，OUT	
双字传送	MOV_DW EN ENO ????- IN OUT -????	MOVD IN，OUT	
实数传送	MOV_R EN ENO ????- IN OUT -????	MOVR IN，OUT	

例如，将变量存储器 VW0 中内容送到 VW2 中，程序如图 2-13 所示。

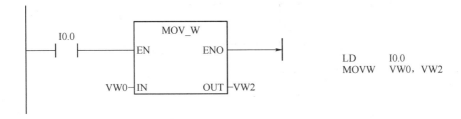

图 2-13 单个数据传送指令应用

（执行指令之后，VW2 和 VW0 单元内容相同，且 VW0 单元内容不变）

2. 数据块传送指令 BMB、BMW、BMD

数据块传送指令一次可以完成 N 个（最多 255）数据的成组传送。数据块传送指令梯形图由数据块传送符 BLKMOV、数据类型（B/W/D）、传送使能信号 EN、源数据起始地址 IN、源数据数目 $N(1\sim255)$ 和目标操作数 OUT 构成；数据块传送指令语句表由数据块传送操作码 BM、数据类型（B/W/D）、源操作数起始地址 IN、目标数据起始地址 OUT 和源数据数目 $N(1\sim255)$ 构成。指令格式见表 2-8。

表 2-8 数据块传送指令格式

指令	梯形图	语句表	备注
字节块传送	BLKMOV_B（EN ENO，???? - IN OUT - ????，???? - N）	BMB IN, OUT, N	使能输入 EN 有效时，将 IN 字节开始的 N 个字节数据复制到 OUT 开始的存储区中，N 的有效范围为 1~255
字块传送	BLKMOV_W（EN ENO，???? - IN OUT - ????，???? - N）	BMW IN, OUT, N	使能输入 EN 有效时，将 IN 字开始的 N 个数据复制到 OUT 开始的存储区中，N 的有效范围为 1~255
双字块传送	BLKMOV_D（EN ENO，???? - IN OUT - ????，???? - N）	BMD IN, OUT, N	使能输入 EN 有效时，将 IN 双字开始的数据复制到 OUT 开始的存储区中，N 的有效范围为 1~255

例如，将数组 1（VB20~VB23）移至数组 2（VB100~VB103），可用指令 BLKMOV_ B 来实现。

71

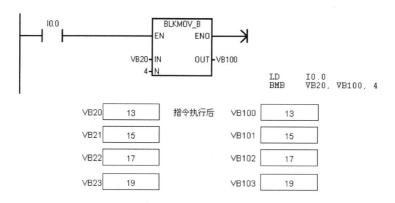

图2-14 数据块传送指令应用

⚠️ **注意**：IN 端口输入的是源数据块的首地址，*N* 输入的是该数据块的个数，而 OUT 输入的是目标数据块的首地址。对于数据类型为字、双字的数据块，则选用指令 BLKMOV_W 和 BLKMOV_D。

二、递增和递减指令

递增和递减指令是把输入端（IN）的无符号或带符号数据上自动增加或减小一个单位的操作，并将结果置入输出端（OUT）指定的存储单元中，其操作数的数据类型可以是字节、字和双字。指令格式如表2-9所示。

表2-9　递增和递减指令

指令	梯形图指令	指令表指令
字节递增	INC_B EN　ENO ????- IN　OUT -????	INCB　OUT
字递增	INC_W EN　ENO ????- IN　OUT -????	INCW　OUT
双字递增	INC_DW EN　ENO ????- IN　OUT -????	INCD　OUT
字节递减	DEC_B EN　ENO ????- IN　OUT -????	DECB　OUT
字递减	DEC_W EN　ENO ????- IN　OUT -????	DECW　OUT

续表

指令	梯形图指令	指令表指令
双字递减	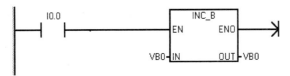	DECD OUT

例如，在执行指令前，（VB0）=110，（LW0）=17 280，执行指令后，结果如图2－15所示。

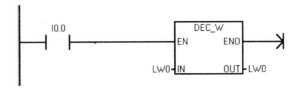

执行指令之后，（VB0）=111

执行指令之后，（LW0）=17 279

图2－15 递增和递减指令的应用

 【任务实施】

1. I/O点分配

同本项目任务一。

2. 绘制电气原理图及连接硬件

同本项目任务一。

3. 编写程序

根据任务分析画出梯形图程序，如图2－16示。

4. 项目实施考核表

项目实施考核表见表2－10。

表2－10 项目实施考核表

实施步骤	考 核 内 容	分值	成绩
接线	拟定接线图，完成各设备之间的连接	10	
编程	编程并录入梯形图程序，编译、下载	10	
调试及故障排除	调试：PLC处于RUN状态，闭合开关SA 故障排除：逐一检查输入和输出回路 说明：①能准确完成软、硬件联调，显示正确结果 ②若结果错误，能找出故障点并解决	20	
成果演示		10	
总评成绩		50	

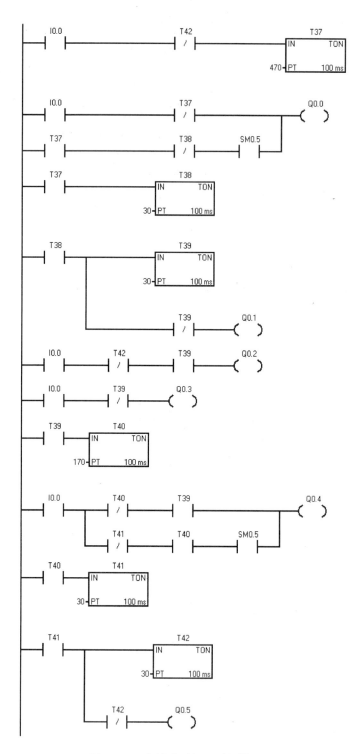

图 2－16　主辅路时间区别的梯形图

【知识链接】

闪 烁 电 路

闪烁电路,也称为振荡电路,可以产生等时间间隔的通断(方波),也可以产生不等时间间隔的通断(矩形波),还可以根据用户要求来完成特殊的时间控制。

图2-17是一个典型的闪烁电路的时序图和梯形图程序。实际的程序设计中,往往采用1~2个定时器来实现闪烁电路。

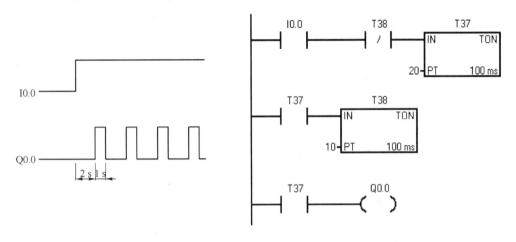

图2-17 闪烁电路的时序图及梯形图程序

【思考与练习】

(1) 设计一个占空比为1:3的矩形波输出电路。

(2) 图2-18完成了什么功能?画出Q0.0的时序图。

提示:I0.0分为按钮和开关两种情况。

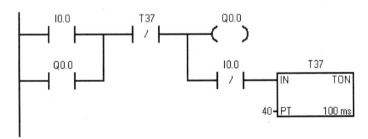

图2-18 梯形图

(3) 本任务中,同学们是否发现东西红灯和南北红灯是"互否"的?即东西红灯亮时,南北红灯是熄灭的;而南北红灯亮时,东西红灯是熄灭的。那么,同学们能否用其他指令实现本任务呢?

【做一做】

实验题目：交通灯报警电路程序设计。

实验目的：熟悉 STEP 7 – Micro/WIN 编程软件的使用方法。

实验要求：

本任务中若东西绿灯和南北绿灯同时亮时，报警系统发出警报，直到消铃按钮按下。警报高低电平的时间周期为 1 s。

实验过程：

（1）填写交通灯报警系统的 I/O 端口分配表（表 2 – 11）。

表 2 – 11　交通灯报警系统的 I/O 分配表

输入端子			输出端子		
名称	代号	输入点编号	名称	代号	输出点编号
消铃按钮	SB		报警灯	L1	
东西绿灯	K17				
南北绿灯	K18				

（2）编写控制程序。

（3）调试、连线运行程序。

任务三　带倒计时功能的交通灯控制

 【任务目标】

（1）掌握数码管显示原理。

（2）加深对定时器的认识及应用。

（3）学会 PLC 的比较和数据传送指令。

 【任务分析】

在实际交通路口的交通灯往往带有倒计时显示，本次任务就是完成带一位倒计时显示的交通灯控制系统设计。要进行倒计时显示，就是要在绿灯还有 9 s 结束时，在数码管上依次显示 9~1 这 9 个数字，并且 1 s 刷新一次，并一直保持该状态到下一时刻。上一任务已经完成了交通灯的控制，因此本任务主要完成倒计时功能的实现。这里还是采用上一任务中知识链接部分所讲的闪烁电路来实现输出 1 s 脉冲，在每个脉冲的上升沿把数码管数值减 1，直到黄灯亮为止。

【背景知识】

一、七段 LED 数码管

LED 的发光原理在"电子技术基础"课上介绍得很清楚，这里不作过多的介绍。7 段 LED 数码管，是在一定形状的绝缘材料上，利用单只 LED 组合排列成"8"字形的数码管，分别引出它们的电极，点亮相应的点划来显示出 0~9 的数字，而此时对应的 7 个输入端的高低电平叫段码。图示数码管是带小数点显示的，有些数码管是不带小数点的。颜色有红、绿、蓝、黄等几种。LED 数码管广泛用于仪表、时钟、家电等产品上，以及车站等场合。选用时要注意产品的尺寸、颜色、功耗、亮度和波长等。

LED 数码管根据 LED 的接法不同分为共阴和共阳两类，图 2-19 所示是共阴和共阳极数码管的内部电路，它们的发光原理是一样的，只是它们的电源极性不同而已。了解 LED 的这些特性，对编程是很重要的，因为不同类型的数码管，除了它们的硬件电路有差异外，编程方法也是不同的。

在本任务中采用共阴极数码管，共阴极数码管就是把所有的 LED 的阴极接地，要使哪段 LED 亮就在相应的引脚接高电平。如要显示数字"0"，就是要使 a、b、c、d、e、f 引脚接高电平，就会在数码管上显示出 0。表 2-12 给出了共阴极数码管的段码。但是

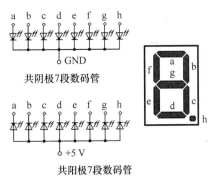

图 2-19　七段数码管

在系统设计时应用数码管并不是只显示一个数字，大多数情况是要循环显示某几个数字或字符，这时设计的程序就要考虑全部字符如何显示。由表 2-12 可以看出，a 段对应的 Q0.0 在显示 0、2、3、4、5、6、7、8、9 时得电，依此设计程序如图 2-20（a）所示，图中 C50 是计数器。这部分内容将在项目三进行详细介绍。

表 2-12　共阴极数码管的编码表

十进制数	段显示	段　码						
		g	f	e	d	c	b	a
0	0	0	1	1	1	1	1	1
1	1	0	0	0	0	1	1	0
2	2	1	0	1	1	0	1	1
3	3	1	0	0	1	1	1	1
4	4	1	1	0	0	1	1	0

续表

十进制数	段显示	段 码						
		g	f	e	d	c	b	a
5	5	1	1	0	1	1	0	1
6	b	1	1	1	1	1	0	0
7	7	0	0	0	0	1	1	1
8	8	1	1	1	1	1	1	1
9	9	1	1	0	0	1	1	1

例如，当计数器当前值为0、2、3、4、5、6、7、8、9时，比较指令逻辑为真，触点闭合，Q0.0得电。鉴于篇幅，这里，只给出了Q0.0和Q0.1的梯形图，其余部分请同学们自行设计。

显然图2-20（a）很复杂，要显示0~9这10个数，则每个数都要写出类似的网络，考虑到编程成本和时间，该方案不予考虑。那么，该方案能否简化呢？可以观察表2-12，10个数字中只有1和4不需要a段点亮，因此可以利用取反逻辑使程序简化，只要C50不等于1和4即可，梯形图中不等于用"＜＞"表示。编写的程序如图2-20（b）所示。将图2-20（a）和图2-20（b）对比，明显图2-20（b）要更简单。有兴趣的同学可以根据图2-20所示的两种方法自行完成数字0~9的编码。

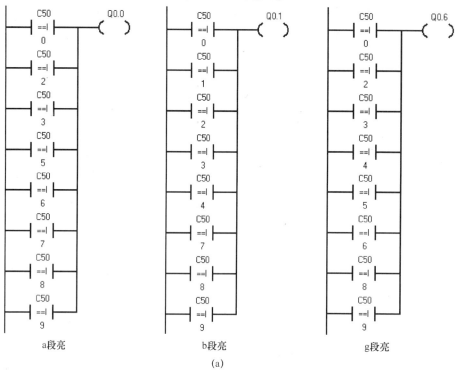

图2-20 数码管显示梯形图

（a）根据编码表得出的梯形图

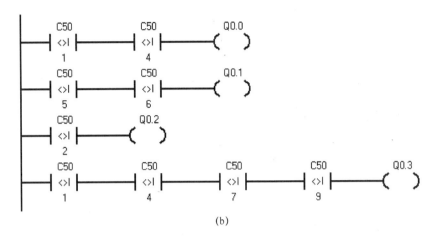

(b)

图 2 - 20   数码管显示梯形图（续图）

（b）利用取反逻辑得到的梯形图

其实，在 S7 - 200 PLC 指令系统中已经提供了七段显示译码（SEG）指令，利用此指令只要将需要显示的数据输入 SEG 指令盒的输入端，在其输出端会自动输出对应的编码，因而可将程序大大简化。这个指令将在下面详细讲述。

二、七段数字显示译码指令 SEG

在 S7 - 200 PLC 中有一条可以直接把要显示的数字翻译成数码管的段码指令，该指令输入为字节型数据，因此如果输入的是字节型数据就可直接使用该命令；但要是计数器的当前值，就需要先执行字型数据转化成字节型数据，再进行译码。译码指令格式如表 2 - 13 所示。

表 2 - 13   7 段数字显示译码指令

指令	梯形图	指令表
7 段数字显示译码	SEG EN ENO ????- IN OUT - ????	SEG IN，OUT

例如，执行指令 SEG 7，QB0，根据表 2 - 12 所示共阴极性数码管要显示 6，其段码为 0111 1100，即在输出端将 0111 1100（最前面的一位 0 是小数点的段码）输出到 QB0 字节，如图 2 - 21、图 2 - 22 所示。

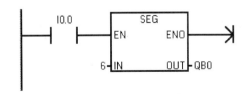

图 2 - 21   字节型数字译码输出

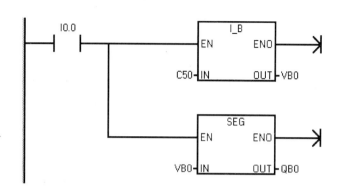

图 2-22 C50 当前值译码输出

 【任务实施】

这里选用的是 S7-200 系列 CPU 226 的 PLC,它有 24 点输入、16 点输出。因此把 Q0.0 ~ Q0.5 作为双向路口红、黄、绿灯的输出端,把 Q1.0 ~ Q1.6 作为控制数码管显示的输出端。

(1)输入、输出端口分配。双向路口红、黄、绿灯的端口同本项目任务一,数码管的输入端口对应的地址如表 2-14 所示。

表 2-14 输入、输出端口地址

输 入 量 (IN)			输 出 量 (OUT)				
元件代号	功能	输入点	元件代号	功能	输出点	元件代号	输出点
SA	启/停按钮	I0.0	HL1	东西绿灯	Q0.0	a	Q1.0
			HL2	东西黄灯	Q0.1	b	Q1.1
			HL3	东西红灯	Q0.2	c	Q1.2
			HL4	南北红灯	Q0.3	d	Q1.3
			HL5	南北绿灯	Q0.4	e	Q1.4
			HL6	南北黄灯	Q0.5	f	Q1.5
						g	Q1.6

(2)绘制电气原理图及硬件连接。根据表 2-14 所示连接输入、输出端口。

(3)编写程序。

根据任务分析画出梯形图程序,如图 2-23 所示。

(4)项目实施考核表。

项目实施考核表见表 2-15。

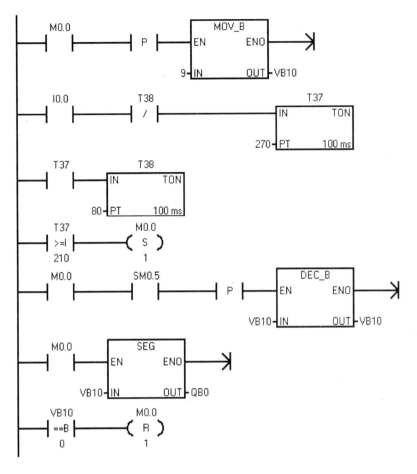

图 2-23 9 s 倒计时显示梯形图

表 2-15 项目实施考核表

实施步骤	考核内容	分值	成绩
接线	拟定接线图,完成各设备之间的连接	10	
编程	编程并录入梯形图程序,编译、下载	10	
调试及故障排除	调试:PLC 处于 RUN 状态,闭合开关 SA 故障排除:逐一检查输入和输出回路 说明:①能准确完成软、硬件联调,显示正确结果 ②若结果错误,能找出故障点并解决	20	
成果演示		10	
总评成绩		50	

 【知识链接】

定时器扩展

S7-200 中一个定时器最长定时时间可为 3 276.7 s,而在一些实际应用中,往往需要几

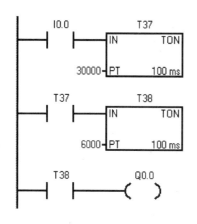

图 2-24 扩展定时器电路的梯形图

小时甚至更长时间的定时控制或者数值更大的计数控制，这就需要编制扩展程序来实现。

图 2-24 是由两个定时器实现的扩展定时器电路，即定时器 T37 的常开触点作为下一网络定时器 T38 的输入控制，在 T37 定时时间没到之前，T38 是不计时的，图 2-24 中 T37 的预设值定为 30 000，即时长 3 000 s，在 3 000 s 时间到的时候 T38 开始计时，因其预设值为 6 000，所以 T38 的常开触点是在 I0.0 闭合，即 3 000 s + 600 s = 3 600 s = 60 min = 1 h 后闭合，使线圈 Q0.0 得电。

 讨论：若要定时 10 小时，应如何做？

 【思考与练习】

（1）设计满足图 2-25 所示时序图的梯形图程序。

（2）画出图 2-26 所示梯形图程序对应的时序图。

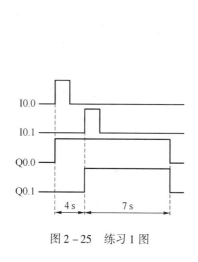

图 2-25 练习 1 图

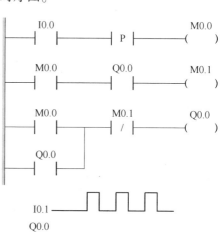

图 2-26 练习 2 图

 【做一做】

实验目的：

（1）熟悉 STEP 7 – Micro/WIN 编程软件的使用方法。

（2）熟练使用数据传送和七段译码指令。

实验一

实验题目：用七段数码管循环显示 0~F。

实验要求：按"循环显示"按钮，数码管就会从 0~F 每 1 s 循环显示。按下"停止"按钮，数码管停在该数。

实验过程：

（1）填写 I/O 端口分配表（表 2-16）。

表 2-16 I/O 端口分配表

输入端子			输出端子		
名称	代号	输入点编号	名称	代号	输出点编号
循环显示按钮	K9		a		
停止按钮	K1		b		
			c		
			d		
			e		
			f		
			g		

（2）编写控制程序。

（3）调试程序。

实验二

实验题目：实现智能电饭煲预约煮饭功能。

实验要求：在智能电饭煲上有预约煮饭功能，现要求 3 h 后开始煮饭，煮饭指示灯亮；45 min 后煮饭完成，保温指示灯亮。

实验过程：

（1）填写 I/O 端口分配表（表 2-17）。

表 2-17 I/O 端口分配表

输入端子			输出端子		
名称	代号	输入点编号	名称	代号	输出点编号
电源开关	K9		煮饭线圈	H1	
停止按钮	K1		煮饭指示灯	L1	
			保温线圈	H2	
			保温指示灯	L2	

（2）编写控制程序。

（3）调试程序。

任务四　带人行横道强制控制的交通灯控制

【任务目标】

（1）掌握 PLC 的梯形图语言和指令表语言。
（2）了解 PLC 的其他编程语言。
（3）熟练掌握定时器指令的使用。

【任务分析】

在一些乡村公路上，十字路口距离较远，车辆可以高速行驶，但为了方便行人穿越公路，设置了交通路口，在这种交通路口，东西方向是机动车道，南北方向是人行道，如图 2 – 27 所示。正常情况下，机动车道上有车辆行驶，如果有行人要过交通路口，先要按下按钮，一段时间后，东西方向车道上红灯亮，南北方向绿灯亮时，行人可以穿过公路，延时一段时间后，仍恢复成南北方向的红灯亮，东西方向的绿灯亮。各段时间如图 2 – 28 所示。在这种控制要求下，前几个任务中的十字路口交通灯控制系统显然不合适，必须考虑新的控制系统。

由时序图可以看出，东西车道有红、黄、绿 3 个灯，南北人行道只有红灯和绿灯，在人行道的控制按钮按下后，东西车道绿灯仍继续亮 30 s，然后变成 10 s 黄灯，最后转成红灯；同时在按下按钮后人行道绿灯在车道红灯亮 5 s 后才亮，15 s 后人行道绿灯开始闪烁，亮暗间隔为 0.5 s，共闪烁 5 次后才变为人行道红灯亮，车道绿灯亮。至此两方向信号灯恢复为正常状态。

由上述分析，可以利用前面任务中学到的定时器延时启动来完成本次任务，具体内容不再详述。

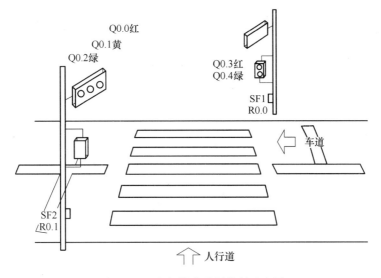

图 2 - 27　人行横道强制控制示意图

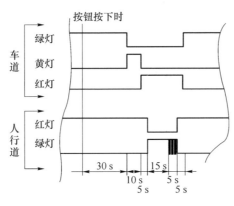

图 2 - 28　时序图

 【背景知识】

一、解码和编码指令

S7 - 200 PLC 中提供的编码指令是将输入字（IN）最低有效位（其值为 1）的位号写入输出字节（OUT）的低"半字节"（4 个位）中。输入为字型数据，输出是字节型数据。如表 2 - 18 所示。解码指令是将输入字节数据的低 4 位表示的数值作为输出字（OUT）中右数第一个"1"的位，输出字的所有其他位均设为 0。指令格式如表 2 - 18 所示。

表 2 - 18　解码和编码指令

指令	梯形图指令	指令表指令
解码指令	DECO EN　　ENO ????- IN　　OUT -????	DECO　IN, OUT

续表

指令	梯形图指令	指令表指令
编码指令	ENCO EN ENO ????– IN OUT –????	ENCO IN, OUT

例如，可用编码指令实现16路抢答器最先抢答的台号，用数码管显示。16路抢答器的按钮由IW0的状态得到，数码管由QB0控制，其梯形图如图2-29所示。

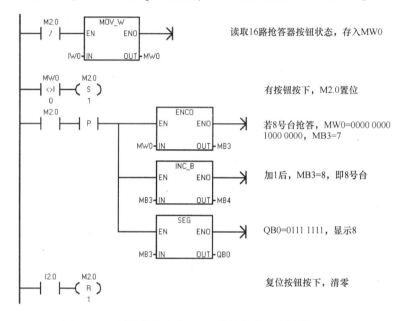

读取16路抢答器按钮状态，存入MW0

有按钮按下，M2.0置位

若8号台抢答，MW0=0000 0000 1000 0000，MB3=7

加1后，MB3=8，即8号台

QB0=0111 1111，显示8

复位按钮按下，清零

图2-29 用编码指令实现16路抢答器最先抢答的台号

而利用解码指令可实现流水灯，其时间间隔为1 s，用SM0.5的上升沿到来时加1。其梯形图如图2-30所示。

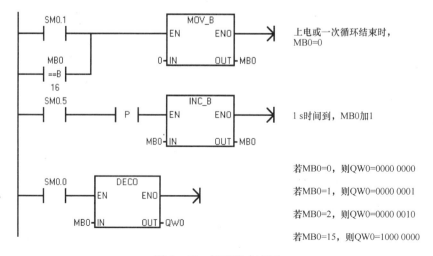

上电或一次循环结束时，MB0=0

1 s时间到，MB0加1

若MB0=0，则QW0=0000 0000

若MB0=1，则QW0=0000 0001

若MB0=2，则QW0=0000 0010

若MB0=15，则QW0=1000 0000

图2-30 解码指令应用

二、转换指令

在 S7 – 200 PLC 中还专门提供了一些转换指令，这些指令包括字节型与整数型转换指令、BCD 码与整数的类型转换指令、字型整数与双字型整数的类型转换指令、双字整数与实数的类型转换指令、整数与 ACSII 码类型转换指令、实数与 ASCII 码类型转换指令、十六进制数与 ASCII 码类型转换指令等，其指令格式见表 2 – 19。有兴趣的同学可自行查阅相关资料。

表 2 – 19　转换指令

指　　令	梯形图指令	指令表指令
字节交换指令	SWAP EN　ENO ????—IN	SWAP　IN
字节至整数转换	B_I EN　ENO ????—IN　OUT—????	BTI　IN, OUT
整数至字节转换	I_B EN　ENO ????—IN　OUT—????	ITB　IN, OUT
整数至双整数转换	I_DI EN　ENO ????—IN　OUT—????	ITD　IN, OUT
双整数至整数转换	DI_I EN　ENO ????—IN　OUT—????	DTI　IN, OUT
双整数至实数转换	DI_R EN　ENO ????—IN　OUT—????	DTR　IN, OUT
BCD 至整数转换	BCD_I EN　ENO ????—IN　OUT—????	BCDI　IN, OUT
整数至 BCD 转换	I_BCD EN　ENO ????—IN　OUT—????	IBCD　IN, OUT

续表

指 令	梯形图指令	指令表指令
整数至ASCII码转换	ITA EN ENO ????— IN OUT —???? ????— FMT	ITA IN，OUT，FMT
双整数至ASCII码转换	DTA EN ENO ????— IN OUT —???? ????— FMT	DTA IN，OUT，FMT
实数至ASCII码转换	RTA EN ENO ????— IN OUT —???? ????— FMT	RTA IN，OUT，FMT
ASCII码至十六进制 数转换	ATH EN ENO ????— IN OUT —???? ????— LEN	ATH IN，OUT，LEN
十六进制数至ASCII码 转换	HTA EN ENO ????— IN OUT —???? ????— LEN	HTA IN，OUT，LEN

如图2-31所示，在指令执行前VW20的内容为139F，在指令执行后，VW20的高低字节内容互换，结果为9F13，再存入VW20。

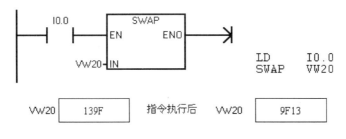

图2-31　字节交换指令的使用

【任务实施】

这里选用的是S7-200系列CPU 226的PLC，它有24点输入、16点输出。因此把

Q0. 0～Q0. 5 作为双向路口红、黄、绿灯的输出端，把 Q1. 0～Q1. 6 作为控制数码管显示的输出端，SB3 和 SB4 作为南北方向人行横道行人控制按钮，其输入点设为 I0. 2 和 I0. 3。当行人横穿东西干道时，I0. 2 或 I0. 3 触点闭合，延时 30s 后，东西方向变为红灯，南北方向为绿灯。待行人通过后，恢复正常状态。

1. 输入、输出端口分配

双向路口红、黄、绿灯的端口同本项目任务一，数码管的输入端口对应的地址，如表 2 - 20 所示。

表 2 - 20 输入、输出端口地址

输入量（IN）			输出量（OUT）		
元件代号	功能	输入点	元件代号	功能	输出点
SB1	启动按钮	I0. 0	HL1	东西绿灯	Q0. 0
SB2	停止按钮	I0. 1	HL2	东西黄灯	Q0. 1
SB3	人行横道按钮	I0. 2	HL3	东西红灯	Q0. 2
SB4		I0. 3	HL4	南北红灯	Q0. 3
			HL5	南北绿灯	Q0. 4

2. 绘制电气原理图及硬件连接

根据表 2 - 20 所示连接输入/输出端口。

3. 编写程序

根据任务分析画出本任务的程序流程图，再根据流程图写出梯形图程序，如图 2 - 32 所示。

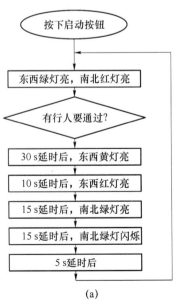

(a)

图 2 - 32 人行横道强制控制路口流程图及梯形图

(a) 程序流程图

```
    I0.0        I0.1        M0.0
 ---| |----+----|/|--------( )---
    M0.0   |
 ---| |----+

    I0.0        I0.1        T37         Q0.0
 ---| |----+----|/|--------|/|--------( )---
    T40    |
 ---| |----+
    Q0.0   |
 ---| |----+

    I0.2        M0.0        T40         M0.1
 ---| |----+----| |--------|/|--------( )---
    I0.3   |
 ---| |----+
    M0.1   |
 ---| |----+

    T37             T38
 ---| |------+--IN      TON
             |
       100 --+PT    100 ms

    T38             T39
 ---| |------+--IN      TON
             |
        50 --+PT    100 ms

    M0.1            T37
 ---| |------+--IN      TON
             |
       300 --+PT    100 ms

    T37        T38         Q0.1
 ---| |----+----|/|--------( )---
    Q0.1   |
 ---| |----+

    T38        T40         Q0.2
 ---| |----+----|/|--------( )---
    Q0.2   |
 ---| |----+
```

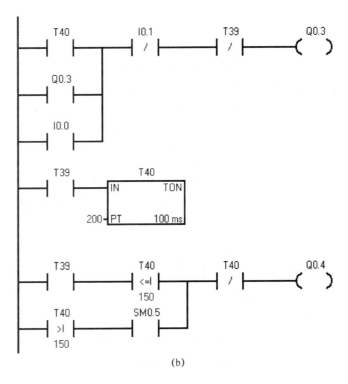

(b)

图2-32 人行横道强制控制路口流程图及梯形图（续图）

（b）人行横道强制控制路口梯形图

讨论：本任务中东西绿灯没有加入闪烁要求。若东西绿灯要在最后3 s闪烁，则程序应如何实现？

4. 项目实施考核表

项目实施考核表如表2-21所列。

表2-21 项目实施考核表

实施步骤	考 核 内 容	分值	成绩
接线	拟定接线图，完成各设备之间的连接	10	
编程	编程并录入梯形图程序，编译、下载	10	
调试及故障排除	调试：PLC处于RUN状态，闭合开关SA 故障排除：逐一检查输入和输出回路 说明：①能准确完成软、硬件联调，显示正确结果 ②若结果错误，能找出故障点并解决	20	
成果演示		10	
总评成绩		50	

【知识链接】

自动控制系统简介

随着生产和科学技术的发展，自动控制广泛应用于电子、电力、机械、冶金、石油、化工、航海航天、核反应等各个学科领域及生物、医学、管理工程和其他许多社会生活领域，并为各学科之间的相互渗透起到促进作用。自动控制技术的应用，不仅使生产过程实现了自动化，改善了劳动条件；同时全面提高了劳动生产率和产品质量，降低了生产成本，提高了经济效益；在人类征服大自然、探索新能源、发展新技术和创造人类社会文明等方面都具有十分重要的意义。可以说，自动控制已成为推动经济发展、促进社会进步必不可少的一门技术，掌握有关自动控制的知识显得越来越重要。

自动控制是指在没有人直接参与的情况下，利用控制装置使整个生产过程或工作机械自动地按预选规定的规律运行，达到要求的指标；或使它的某些物理量按预定的要求变化。例如，家用电冰箱能保持恒温；高楼水箱能保持恒压供水；电网电压和频率自动保持不变；火炮根据雷达指挥仪传来的信息，能够自动地改变方位角和俯仰角，随时跟踪目标；人造卫星能够按预定的轨道运行并返回地面；程序控制机床能够按预先排定的工艺程序自动地进刀切削，加工出预期几何形状的零件；焊接机器人能自动地跟踪预期轨迹移动，焊出高质量的产品。所有这些自动控制系统的例子，尽管它们的结构和功能各不相同，但它们都有共同的规律，即它们被控制的物理量保持恒定或者按照一定的规律变化。

1. 自动控制系统中常用的名词术语

（1）系统。系统是由被控对象和自动控制装置按一定方式连接起来的，以完成某种自动控制任务的有机整体。在工程领域中，系统可以是电气、机械、气动和液压或它们的组合。不同的系统所要完成的任务也不同。有的要求某物理量（如温度、压力、转速等）保持恒定，有的则要求按一定规律变化。

（2）输入信号。作用于系统的激励信号定义为系统的控制量或参考输入量。通常是指给定值，它是控制着输出量变化规律的指令信号。

（3）输出信号。被控对象中需要控制的物理量定义为系统的被控量或输出量。它与输入量之间保持一定的函数关系。

（4）反馈信号。由系统（或元件）输出端取出并反向送回系统（或元件）输入端的信号称为反馈信号。反馈有主反馈和局部反馈之分。

（5）偏差信号。偏差信号指参考输入与主反馈信号之差。偏差信号简称偏差，其实质是从输入端定义的误差信号。

（6）误差信号。误差信号指系统输出量的实际值与期望值之差，简称误差，其实质是从输出端定义的误差信号。

（7）扰动信号。在自动控制系统中，妨碍控制量对被控量进行正常控制的所有因素称为扰动量，简称扰动或干扰。它与控制作用相反，是一种不希望的、能破坏系统输出规律的不利因素。

2. 开环控制系统与闭环控制

自动控制系统的结构形式多种多样。若通过某种装置使系统的输出量反过来影响系统的输入量，这种作用称为反馈作用。反馈环节构成的回路称为环。控制系统按照是否设有反馈环节，可以分为两类：一类是开环控制系统；另一类是闭环控制系统。若要实现复杂且精度较高的控制任务，可将开环控制和闭环控制结合在一起，形成复合控制。

1）开环控制系统

开环控制系统是指系统只有输入量的向前控制作用，输出量并不反馈回来影响输入量的控制作用，即系统的输出量对系统的控制作用没有影响。在开环系统中，由于不存在输出量对输入量的反馈，因此，系统不存在闭合回路。其控制系统框图如图 2 – 33 所示。

开环系统的优点是结构简单、系统稳定性好、调试方便及成本低。开环系统的精度主要取决于控制信号的标定精度、控制装置参数的稳定程度以及外部扰动因素。因此，在输入量和输出量之间的关系固定，且内部参数和外部负载等扰动因素不大，

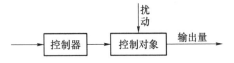

图 2 – 33　开环控制系统结构框图

或这些扰动因素可以预测并进行补偿的前提下，应尽量采用开环控制系统。

开环控制的缺点是当控制过程中受到来自系统外部的各种扰动因素（如负载变化、电源电压波动等）以及来自系统内部的扰动因素（如元件参数变化等）的干扰时，都将会直接影响到输出量，而控制系统不能自动进行补偿。因此，开环系统对控制信号和元器件的精度要求较高。

2）闭环控制系统

闭环控制系统又称为反馈控制系统，这类系统的输出端与输入端之间存在反馈回路，输出量可以反馈到输入端，输出量反馈与输入量共同完成控制作用。闭环控制系统利用了负反馈获取偏差（$M – u_0$）信号，利用偏差产生控制作用去克服偏差。这种控制原理称为反馈控制原理。由于闭环控制系统具有很强的纠偏能力，且控制精度较高，因而在工程中获得广泛应用，其控制系统框图如图 2 – 34 所示。

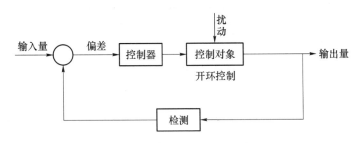

图 2 – 34　闭环控制系统结构框图

由于在闭环控制系统中采用了负反馈，因而被控制量对于外部或内部扰动所引起的误差能够自动调节，这是闭环控制的突出优点。系统的输出精度只与系统的输入和反馈环节的精度有关，而与系统反馈环内其他环节的精度无关，这样就有可能采用精度不太高而成本比较低的元件构成控制质量较高的控制系统。当然，闭环控制系统要增加检测、反馈比较等环

节，会使系统复杂、成本增加。同时，当系统参数选得不恰当时，将会造成系统振荡，甚至使系统不稳定而无法正常工作。这些都是采用闭环控制时必须加以重视并认真解决的问题。

3）开环系统与闭环系统的比较

开环控制结构简单、成本低、工作稳定，因此，当系统的输入信号及扰动作用能预先知道并且系统要求精度不高时，可以采用开环控制。由于开环控制不能自动修正被控制量的偏离，因此，系统的元件参数变化以及外界未知扰动对控制精度的影响较大。

闭环控制具有自动修正被控制量出现偏离的能力，因此可以修正元件参数变化及外界扰动引起的误差。其控制精度较高。但是，由于存在反馈，闭环控制中被控制量可能出现振荡，严重时会使系统无法工作。

 【思考与练习】

（1）程序设计：一只灯泡 HL，按下启动按钮后 HL 亮，2 min 后 HL 自动熄灭。

（2）程序设计：3 只灯泡 HL1、HL2、HL3，按下启动按钮后，3 只灯泡全亮，10 s 后，HL1 自动熄灭；20 s 后，HL2 自动熄灭；30 s 后，HL3 自动熄灭。

（3）程序设计：有 3 台带传送机，分别由电动机 M1、M2、M3 驱动。要求按下按钮 SB1 后，启动顺序为 M1、M2、M3，间隔时间为 5 s（用 T37、T38、T39 100 ms 定时器实现）；按下停止按钮 SB2 后，停车顺序为 M3、M2、M1，时间间隔为 3 s，3 台电动机分别通过接触器 KM1、KM2、KM3 控制启停。设计 PLC 控制电路，并编写梯形图。

（4）程序设计。笼型异步电动机星形、三角形启动的时序图如图 2 - 35 所示，试设计星形、三角形启动的主电路、基于 PLC 的控制电路并设计梯形图。

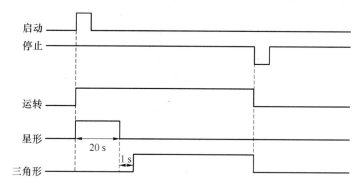

图 2 - 35　笼型异步电动机星形、三角形启动时序图

 【做一做】

实验一

实验题目：电动机正/反转循环控制。

实验目的：

（1）熟悉 STEP 7 – Micro/WIN 编程软件的使用方法。

（2）掌握 PLC 的定时器应用方法。

实验要求：一台电动机，按下启动按钮后正转 30 s 后反转 50 s，再正转，并循环，按下停止按钮。试设计该电动机停转的程序。

实验过程：

（1）填写 I/O 端口分配表（表 2 - 22）。

表 2 - 22　I/O 商品分配表

输入端子			输出端子		
名称	代号	输入点编号	名称	代号	输出点编号
启动按钮	K9		正转接触器	KM1	
停止按钮	K1		反转接触器	KM2	

（2）编写控制程序。

（3）调试、连线运行程序。

实验二

实验题目：电动机星形、三角形启动控制。

实验要求：完成本任务的"思考与练习"第（4）题要求。

实验过程：

（1）填写 I/O 端口分配表（表 2 - 23）。

表 2 - 23　I/O 端口分配表

输入端子			输出端子		
名称	代号	输入点编号	名称	代号	输出点编号
启动按钮	K9		星形控制接触器	KM1	
停止按钮	K1		三角形控制接触器	KM2	

（2）编写控制程序。

（3）调试、连线运行程序。

项目三

计数器在控制系统中的应用

计数是一种最简单、基本的运算，计数器就是实现这种运算的逻辑电路，计数器在数字系统中主要是对脉冲的个数进行计数，以实现测量、计数和控制等功能。S7 – 200 PLC 有 3 种计数器，即递增计数器、递减计数器和增减计数器等。

任务一　包装生产线系统控制

【任务目标】

（1）掌握 PLC 的 3 种计数指令格式。

（2）了解 PLC 的其他功能指令。

（3）学会 PLC 系统设计方法。

【任务分析】

在现代化的工业生产中常常需要对产品进行计数、包装，如果这些繁杂的工作让人工去完成的话不但麻烦，而且效率低、劳动强度大，不适合现代化的生产需要，并且加重了工人的劳动强度。包装生产线如图 3 – 1 所示。

包装物品是放在传送带 A 上，由于放置的时间是任意的，所以有些包装离得很远，而有的包装靠在一起。按下控制装置启动按钮后，传送带 B 先启动运行，拖动空箱体前移至指定位置，达到指定位置后，由限位开关 QS 发出信号，使传送带 B 制动停止。传送带 B 停车后，传送带 A 启动运行，产品逐一落入箱内，由光电传感器检测产品数量，当累计产品数量达到 12 个时，传送带 A 制动停车，传送带 B 启动运行。上述过程周而复始进行，直到按下停止按钮，传送带 A 和传送带 B 同时停止。

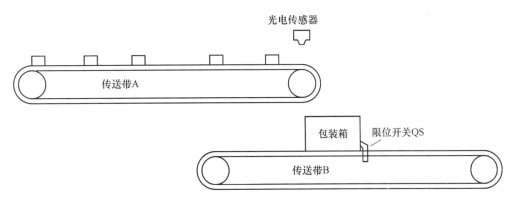

图 3 - 1　包装生产线控制系统示意图

 【背景知识】

一、计数器

计数器的梯形图指令符号为指令盒形式，如表 3 - 1 所示，计数器的使用如图 3 - 2 至图 3 - 4 所示。

表 3 - 1　计数器指令

指令表	梯形图	功　能	说明
CTU　C**，PV	???? CU　　CTU R ????—PV	增计数器 　　计数指令在 CU 端输入脉冲上升沿，计数器的当前值增 1 计数。当前值大于或等于预设值（PV）时，计数器的状态位置 1。当前值的最大值是 32 767，复位输入端（R）有效时，计数器状态位复位（置 0），当前计数值清零	编程范围为 C0 ~ C255； PV 预设值最大范围为 - 32 768 ~ 32 767 PV 数据类型为 INT
CTD　C**，PV	???? CD　　CTD LD ????—PV	减计数器 　　LD 输入端有效时，计数器把预设值（PV）装入当前值寄存器，计数器状态位复位（置 0）。CD 端每输入一个脉冲上升沿，减计数器的当前值从预设值开始减计数，当前值等于 0 时，计数器状态位置位（置 1），停止计数	

续表

指令表	梯形图	功　能	说明
CTUD　C**, PV	???? CU　　CTUD CD R ????–PV	增/减计数器 　增/减计数器有两个输入端，执行增/减计数指令时，其中 CU 端用于输入递增计数脉冲，CD 端用于输入递减计数脉冲。当前值大于或等于计数器预设值（PV）时，计数器状态位置位。复位输入端（R）有效或执行复位指令时，计数器状态位置位，当前值清零。达到计数最大值 32 767 后，下一个 CU 输入上升沿将使计数器值变为最小值（–32 768）；同样，达到最小值 –32 768 时，下一个 CD 输入上升沿将使计数值变为最大值（32 767）	寻址范围为：VW、QW、IWMW、SWSMW、LWAIW、T、C、AC 和常数

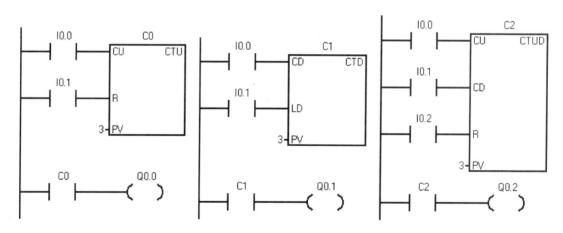

图 3 – 2　增计数器指令应用　　　图 3 – 3　减计数器指令应用　　　图 3 – 4　增/减计数器指令应用

　　计数器是利用输入脉冲上升沿累计脉冲个数，在实际应用中，用来对产品进行计数，还可以用于分频、定时、产生节拍脉冲和脉冲序列以及进行数字运算等复杂的逻辑任务。但是无法显示计算结果，一般都要通过外接 LCD 或 LED 屏才能显示。S7 – 200 系列 PLC 有递增计数（CTU）、增/减计数（CTUD）、递减计数（CTD）等 3 类计数指令。计数器的方法和基本结构与定时器基本相同，主要由预置当前值寄存器、当前值寄存器和状态位等组成。

　　计数器在使用时，计数器的编号有两层含义：一是计数器的当前值，存储计数器当前累积的数字，是 16 位有符号整数；二是计数器位，与继电器的输出相似，当计数器的当前值达到设定值时，计数器位接通。在程序运行过程中，当计数器的输入条件满足时，当前值对输入的脉冲信号的上升沿计数，当计数器的当前值等于设定值时，定时器动作。相应的计数器指令的时序如图 3 – 5 所示。

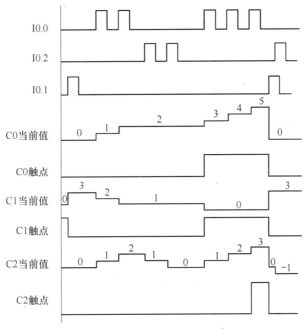

图 3-5 计数器指令的时序

二、光电开关

1. 简介

光电开关（光电传感器）是光电接近开关的简称，它是利用被检测物对光束的遮挡或反射，来检测物体的有无。被测物体不限于金属，所有能反射光线的物体均可被检测。光电开关将输入电流在发射器上转换为光信号射出，接收器再根据接收到光线的强弱或有无对目标物体进行探测。安防系统中常见光电开关烟雾报警器，工业中经常用它来计数机械臂的运动次数。

光电开关已被用作物位检测、液位控制、产品计数、宽度判别、速度检测、定长剪切、孔洞识别、信号延时、自动门传感、色标检出、冲床和剪切机以及安全防护等诸多领域。此外，利用红外线的隐蔽性，还可在银行、仓库、商店、办公室以及其他需要的场合作为防盗警戒之用。

常用的红外线光电开关，是利用物体对近红外线光束的反射原理，由同步回路感应反射回来的光的强弱而检测物体的存在与否来实现功能的。光电传感器首先发出红外线光束到达或透过物体或镜面对红外线光束进行反射，光电传感器接收反射回来的光束，根据光束的强弱判断物体的存在与否。

2. 光电开关分类

红外光电开关的种类也非常多，按检测方式可分为漫射式、对射式、镜面反射式、槽式光电开关和光纤式光电开关。在不同的场合使用不同的光电开关，如在电磁振动供料器上经常使用光纤式光电开关、在间歇式包装机包装膜的供送中经常使用漫反射式光电开关、在连续式高速包装机中经常使用槽式光电开关。

对射式光电开关由发射器和接收器组成，结构上是两者相互分离的，在光束被中断的情况下会产生一个开关信号变化，典型的方式是位于同一轴线上的光电开关可以相互分开达50 m。对射式光电开关根据被测物体的情况又可分为透射式、遮光式。透射式是指被测物体放在光路中，恒光源发出的光能量穿过被测物，部分被吸收后，透射光投射到光电元件上；遮光式是指当光源发出的光通量经被测物光遮其中一部分，使投射到光电元件上的光通量改变，改变的程度与被测物体在光路位置有关。

漫反射式是当光电开关发射光束时，目标产生漫反射，发射器和接收器构成单个的标准部件，当有足够的组合光返回接收器时，开关状态发生变化，作用距离的典型值一般到3 m。漫反射式光电开关的特征：有效作用距离由目标的反射能力以及目标表面性质和颜色所决定；较小的装配开关，当开关由单个元件组成时，通常可以达到粗定位；采用背景抑制功能调节测量距离；对目标上的灰尘敏感和对目标变化的反射性能敏感，如检测空气质量和液体浑浊程度时所采用的光传感器。

镜面反射式是由发射器和接收器构成的一种标准配置。从发射器发出的光束被对面的反射镜反射，即返回接收器，当光束被中断时会产生一个开关信号的变化。光的通过时间是两倍的信号持续时间，有效作用距离为0.1~20 m。镜面反射式光电开关的特征：辨别不透明的物体；借助反射镜，能形成大的有效距离范围；不易受干扰，可以可靠地使用在野外或者有灰尘的环境中。光电式传感器的几种形式见图3-6，其应用如图3-7所示。

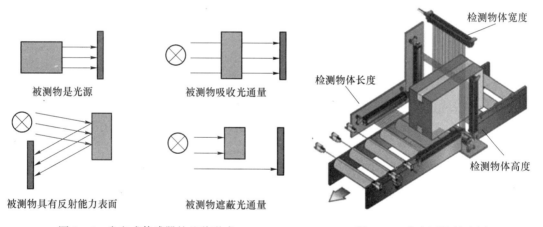

图3-6　光电式传感器的几种形式　　　　　　图3-7　光电开关的应用

光敏二极管是最常见的光传感器。光敏二极管的外形与一般二极管一样，当无光照时，它与普通二极管一样，反向电流很小，称为光敏二极管的暗电流；当有光照时，载流子被激发，产生电子—空穴对，称为光电载流子。在外电场的作用下，光电载流子参与导电，形成比暗电流大得多的反向电流，该反向电流称为光电流。光电流的大小与光照强度成正比，于是在负载电阻上就能得到随光照强度变化而变化的电信号。

光敏三极管除了具有光敏二极管能将光信号转换成电信号的功能外，还有对电信号放大的功能。光敏三极管的外形与一般三极管相差不大，一般光敏三极管只引出两个极，即发射极和集电极，基极不引出，管壳同样开窗口，以便光线射入。为增大光照，基区面积做得很大，发射区较小，入射光主要被基区吸收。工作时集电结反偏，发射结正偏。在无光照时管子流过的电流为暗电流 $I_{ceo} = (1+\beta)I_{cbo}$（很小），比一般三极管的穿透电流还小；当有光照时，激发大量的电子—空穴对，使得基极产生的电流 I_b 增大，此刻流过管子的电流称为光电流，集电极电流 $I_c = (1+\beta)I_b$，可见，光电三极管要比光电二极管具有更高的灵敏度。

【任务实施】

这里选用的是 S7 - 200 系列 CPU 226 的 PLC。因为控制系统中，传送带 A 和传送带 B 只有单方向运动方式，所以把 Q0.0 和 Q0.1 分别作为传送带 A 和传送带 B 控制电机的输出信号。

1. 输入、输出端口分配

输入、输出端口分配如表3 -2 所示。

表3 -2　输入、输出端口地址

输入量（IN）			输出量（OUT）		
元件代号	功能	输入点	元件代号	功能	输出点
SB1	启动按钮	I0.0	KM1	传送带 B	Q0.0
SB2	停止按钮	I0.1	KM2	传送带 A	Q0.1
SQ1	限位开关	I0.2			
	光电传感器	I0.3			

2. 绘制电气原理图及硬件连接

根据表3 -2 所示连接输入、输出端口。

3. 编写程序

根据任务分析画出梯形图程序，如图3 -8 所示。

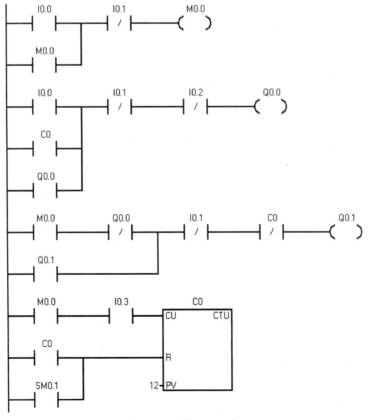

图 3 -8　梯形图程序

101

4. 项目实施考核表

项目实施考核表见表 3 - 3。

表 3 - 3　项目实施考核表

实施步骤	考 核 内 容	分值	成绩
接线	拟定接线图，完成各设备之间的连接	10	
编程	编程并录入梯形图程序，编译、下载	10	
调试及故障排除	调试：PLC处于RUN状态，闭合开关SA 故障排除：逐一检查输入和输出回路 说明：①能准确完成软、硬件联调，显示正确结果 ②若结果错误，能找出故障点并解决	20	
成果演示		10	
总评成绩		50	

【知识链接】

PLC 应用系统的程序设计步骤

为了保证系统应用程序设计及控制的准确性，需要深入了解被控对象的工作原理，清楚输入和输出变量及它们之间的关系，并用文字或表格的形式进行描述。

所有 PLC 编程环境都支持助记符程序设计语言和梯形图程序设计语言，在所有的 PLC 程序设计语言中，使用最多的是梯形图程序设计语言，现以梯形图程序设计语言为例来说明 PLC 应用系统的程序设计步骤。

1. 梯形图程序设计注意事项

（1）每个网络以接点开始，以线圈或功能指令结束，信号总是从左向右传递。

（2）内部和中间继电器接点可以使用无数次。

（3）在梯形图中没有真实的电流流动，为了便于分析 PLC 的周期扫描原理和逻辑上的因果关系，假定在梯形图中有"能流"流动，这个"能流"只能在梯形图中单方向流动，即从左向右流动，层次的改变只能从上向下。

2. 梯形图经验设计法步骤

梯形图经验设计法是目前使用比较广泛的一种设计方法，该方法的核心是输出线圈，这是因为 PLC 的动作就是从线圈输出的（可以称为面向输出线圈的梯形图设计方法）。以下是一些经验设计步骤。

（1）分析工艺流程并对系统任务进行分块。对系统任务进行分块即是分解梯形图程序。根据控制任务将要编制的梯形图程序分解成功能独立的子梯形图程序。将主要的工艺流程作为主程序，整个工艺流程多次重复进行的部分可以作为子程序进行调用，同时可以根据工艺情况加入中断服务程序。

（2）根据系统任务编制控制系统的逻辑关系图。编制系统逻辑关系图可以以各个控制活动顺序为基准，也可以以整个活动的时间节拍为基准，其主要目的是反映系统各环节中的 I/O 关系，为梯形图的设计做好准备。

（3）绘制各种电路图。绘制电路图的目的是把系统的 I/O 所涉及的地址和名称联系起来。绘制时主要考虑以下几点。

① 在绘制 PLC 的输入电路时，不仅要考虑到输入信号的连接点是否与命名一致，还要考虑到输入端的电压和电流是否合适，是否会把高电压引入到 PLC 的输入端。

② 在 PLC 的输出电路时，不仅要考虑到输出信号的连接点是否与命名一致，还要考虑 PLC 的输出模块的带负载能力和耐电压能力。

③ 要考虑电源的输出功率和极性问题。

3. 编制 PLC 程序并进行模拟调试

编制 PLC 程序时要注意以下问题。

（1）以输出线圈为核心设计梯形图，并画出该线圈的得电条件、失电条件和自锁条件。在画图过程中，注意程序的启动、停止、连续运行、选择分支和并行分支。

（2）如果不能直接使用输入条件逻辑组合成输出线圈的得电和失电条件，则需要使用中间继电器建立输出线圈的得电和失电条件。

（3）如果输出线圈的得电和失电条件中需要定时或计数条件时，要注意定时器或计数器得电和失电条件。

（4）画出各个输出线圈之间的互锁条件。互锁条件可以避免同时发生互相冲突的动作，保证系统工作的可靠性。

（5）画保护条件。保护条件可以在系统出现异常时，使输出线圈的动作保护控制系统和生产过程。在设计梯形图程序时，要注意先画基本梯形图程序，当基本梯形图程序的功能能够满足工艺要求时，再根据系统中可能出现的故障及情况，增加相应的保护环节，以保证系统工作的安全。

根据以上要求绘制好梯形图后，将程序下载到 PLC 中，通过观察其输出端发光二极管的变化进行模拟调试，并根据要求进行修改，直到满足系统要求为止。

4. 制作控制台和控制柜

以上步骤完成后，就可以制作控制台和控制柜了。如果时间紧张，这一步可以和上述编制 PLC 程序的第（4）步同时进行。在制作控制台与控制柜时要注意开关、按钮和继电器等器件规格和质量的选择。设备的安装要注意屏蔽、接地和高压隔离等问题的处理。

5. 现场调试

现场调试是整个控制系统完成的重要环节。只有通过现场调试，才能发现控制回路和控制程序之间是否存在问题，以便及时调整控制电路和控制程序，适应控制系统的要求。

6. 编写技术文件并现场试运行

经过现场调试后，控制电路和控制程序就基本确定了，即整个系统的硬件和软件就被确定了。这时就要全面整理技术文件，包括整理电路图、PLC 程序、使用及帮助文件。至此整个系统的设计就完成了。

 【思考与练习】

（1）S7 – 200 计数器有几种类型？各自特点是什么？

（2）计数器是多少位的寄存器？最大值是多少？

（3）计数器的复位输入电路_____、计数输入电路_____时，计数器的当前值加

1。计数当前值等于设定值时，其常开触点_____，常闭触点_____。再来计数脉冲时当前值_____。复位输入电路_____时，计数器被复位，复位后其常开触点_____，常闭触点_____，当前值等于_____。

 【做一做】

实验目的：

（1）熟悉 STEP 7 – Micro/WIN 编程软件的使用方法。

（2）掌握 PLC 计数器的使用方法。

实验一

实验题目：设计库房计料系统。

实验要求：物料入库前经过传感器后计数器加 1，设计一个由一位 LED 显示器及相应的辅助元件组成的显示电路，显示库房内物料的实际数量。

实验过程：

（1）填写 I/O 端口分配表（表 3 – 4）。

表 3 – 4　I/O 端口分配表

输入端子			输出端子		
名称	代号	输入点编号	名称	代号	输出点编号
启动按钮	K9			a	
停止按钮	K1			b	
光电传感器	SQ1			c	
			数码管	d	
				e	
				f	
				g	

（2）编写控制程序。

（3）调试、连线运行程序。

实验二

实验题目：设计一个智力抢答器控制装置。

实验要求：当出题人说出问题且按下开始按钮SB1后，在10 s内4个参赛者中只有最早按下的才有效；每个抢答桌上设置一个按钮、一个指示灯，抢答有效时，指示灯快速闪亮3 s，赛场中音响响3 s；10 s后抢答无效。

实验过程：

（1）填写I/O端口分配表（表3-5）。

表3-5 I/O端口分配表

输入端子			输出端子		
名称	代号	输入点编号	名称	代号	输出点编号
启动按钮	K9		1号灯	L1	
1号按钮	K1		2号灯	L2	
2号按钮	K2		3号灯	L3	
3号按钮	K3		4号灯	L4	
4号按钮	K4		音响	SK	

（2）编写控制程序。

（3）调试、连线运行程序。

任务二 停车场车辆自动控制

 【任务目标】

（1）掌握PLC计数器的使用方法。

（2）了解PLC高速计数器的有关指令。

（3）了解光电开关的原理及应用方法。

（4）学会PLC简单程序设计。

【任务分析】

近 20 年来，随着我国城市建设速度的加快，城市交通需求量也日益增大。私家车、出租车保有量呈现逐年上升的趋势，因此车辆停放依旧是市民最关注的问题，对停车场的需求量剧增。

若设停车场共有 9 个车位，一个入口和一个出口，每个出入口都有车辆检测装置（采用接近开关）和抬杆、降杆装置（控制电动机正/反转）。

按下按钮 SB1，系统启动。当安放在入口处的接近开关 SQ1 探测到有车接近闸栏时，给 PLC 发出控制信号，为控制可靠起见，先延时 2 s，当 PLC 检测到停车场有剩余车位时，立即驱动入口闸栏电机正转，使入口闸栏升起将门打开，当入口闸栏升到上限位 SQ3 后电机停止；车辆进入后，当 PLC 检测到入口接近开关 SQ1 的下降沿（即车已完全进入停车场）时，进行加 1 计数，并延时 2 s，然后驱动入口闸栏电机反转使闸栏下降将门关闭，闸栏降到下限位 SQ4 后电机停止。

当有车开出停车场时，安放在出口处的接近开关 SQ2 探测到有车接近闸栏时，给 PLC 发出控制信号，同样先延时 2 s，然后驱动出口闸栏电机正转，使出口闸栏升起将门打开，升到上限位 SQ5 后电机停止；待 PLC 检测到出口处的接近开关 SQ2 的下降沿时，进行减 1 计数，并延时 2 s，然后驱动出口闸栏电机反转使闸栏下降将门关闭，闸栏降到下限位 SQ6 后电机停止。停车位数由放置在入口处的 BCD 数码器实时显示。按下按钮 SB2 时，系统停止。

停车位数最小设为 0，最大设为 9。当显示车位数小于 9 时，空位指示灯 HL1 点亮，表示"有车位"，允许有车辆进入与开出；当显示车位数增加到 9 时，满位指示灯 HL2 点亮，表示"车已满"，并且如有车来，闸门不再打开，直到有车开出，使停车场内车位数小于 9 时，入口闸门才可以打开，才允许有车开入。

本任务中，车辆显示系统要如实反映停车场当前的车辆数，因为车辆有进有出，所以需要选择加减计数器，即车辆进入时加 1，车辆驶出时减 1。入口处接近开关 SQ1 的检测信号作为计数器加 1 的控制信号，出口处接近开关 SQ2 作为计数器减 1 的控制信号。

【背景知识】

一、高速计数器

普通计数器是通过两次扫描中输入端子的电平变化实现计数的，可以用普通的寄存器通过加 1 指令实现。特点是受扫描的影响，只能用于低频脉冲计数。对于高速脉冲而言，这种方法会出现丢失脉冲导致计数错误。S7 – 200 PLC 内置了高速计数器 HSC，其工作情况类似于单片机中的计数器。启动后不受扫描周期的影响，由硬件自动计数，当满足一定条件时发出中断申请。其最高计数频率可达 30 kHz。

各种 PLC 都内置高速计数器。CPU 221 和 CPU 222 可以使用 4 个 30 kHz 单相高速计数器或 2 个 20 kHz 的双相高速计数器，而 CPU 224 和 CPU 226 可以使用 6 个 30 kHz 单相高速计数器或 4 个 20 kHz 的双相高速计数器。

高速计数器的主要功能就是对电动机实际转速反馈进行测量，这是电子调速器的一项重要功能，因为电动机实际转速反馈测量的准确与否直接关系到保证电动机转速稳定，保证电动机运行的安全。在开发研制中发现，采用 S7 - 200 系列 PLC 高速计数器可以非常准确地对电动机实际转速反馈进行测量，而且硬件实现非常简单，价格也比较低，具有很大的应用价值。

S7 - 200 PLC 的计数器最多可以设置 12 种不同的工作模式，用于实现高速运动的精确控制。

S7 - 200 PLC 还设有高速脉冲输出，输出频率可以高达 20 kHz，用于 PTO（脉冲串输出，输出一个频率可调、占空比 50% 的脉冲）和 PWM（脉宽调制脉冲）。PTO 用于带有位置控制功能的步进电机控制或者伺服电机驱动器控制，通过输出脉冲的个数作为位置给定值的输入，以实现定位控制功能。通过改变脉冲的输出频率，可以改变运动的速度。PWM 用于直接驱动调速系统或运动控制系统的输出，控制主逆变回路。

1. 高速计数器指令

普通计数器受 CPU 扫描速度的影响，是按照顺序扫描的方式进行工作的。在每个扫描周期中，对计数脉冲只能进行一次累加；当脉冲信号的频率比 PLC 的扫描频率高时，如果仍采用普通计数器进行累加，必然会丢失很多输入脉冲信号。在 PLC 中，对比扫描频率高的输入信号的计数可以使用高速计数器指令来实现。

在 S7 - 200 的 CPU 22X 中，高速计数器数量及其地址编号如表 3 - 6 所示。

表 3 - 6　高速计数器数量及其地址编号

CPU 类型	CPU 221	CPU 222	CPU 224	CPU 226
高速计数器数量	4		6	
高速计数器编号	HC0、HC3 ~ HC5		HC0 ~ HC5	

高速计数器的指令包括定义高速计数器指令 HDEF 和执行高速计数指令 HSC，如表 3 - 7 所示。

表 3 - 7　高速计数器指令格式

指　令	梯　形　图	功　能
HDEF	 HDEF EN　ENO ????─HSC ????─MODE 	定义高速计数器
HSC	 HSC EN　ENO ????─N 	执行高速计数器

1）定义高速计数器指令 HDEF

HDEF 指令功能是为某个要使用的高速计数器选定一种工作模式。每个高速计数器在使用前，都要用 HDEF 指令来定义工作模式，并且只能用一次。它有两个输入端：HSC 为要使用的高速计数器编号，数据类型为字节型，数据范围为 0 ~ 5 的常数，分别对应 HC0 ~ HC5；MODE 为高速计数的工作模式，数据类型为字节型，数据范围为 0 ~ 11 的常数，分别对应 12 种工作模式。当允许输入使能 EN 有效时，为指定的高速计数器 HSC 定义工作模式 MODE。

2）执行高速计数指令 HSC

HSC 指令功能是根据与高速计数器相关的特殊继电器确定控制方式和工作状态，使高速计数器的设置生效，按照指令的工作模式执行计数操作。数据输入端 N 为高速计数器的编号，数据类型为字型，数据范围为 0 ~ 5 的常数，分别对应高速计数器 HC0 ~ HC5。当允许输入使能 EN 有效时，启动 N 号高速计数器工作。

2. 高速计数器的输入端

高速计数器的输入端不像普通输入端那样由用户定义，而是由系统指定的输入点输入信号，每个高速计数器对它所支持的脉冲输入端、方向控制、复位和启动都有专用的输入点，通过比较或中断完成预定的操作。每个高速计数器专用的输入点如表 3 - 8 所示。

表 3 - 8　高速计数器的输入点

高速计数器标号	输入点	高速计数器标号	输入点
HC0	I0.0、I0.1、I0.2	HC3	I0.1
HC1	I0.6、I0.7、I1.0、I1.1	HC4	I0.3、I0.4、I0.5
HC2	I1.2、I1.3、I1.4、I1.5	HC5	I0.4

3. 高速计数器的状态字节

系统为每个高速计数器都在特殊寄存器区 SMB 提供了一个状态字节，为了监视高速计数器的工作状态，执行由高速计数器引用的中断事件，其格式如表 3 - 9 所示。只有执行高速计数器的中断程序时，状态字节的状态位才有效。

表 3 - 9　高速计数器的状态字节

HC0	HC1	HC2	HC3	HC4	HC5	描述
SM36.0	SM46.0	SM56.0	SM136.0	SM146.0	SM156.0	不用
SM36.1	SM46.1	SM56.1	SM136.1	SM146.1	SM156.1	
SM36.2	SM46.2	SM56.2	SM136.2	SM146.2	SM156.2	
SM36.3	SM46.3	SM56.3	SM136.3	SM146.3	SM156.3	
SM36.4	SM46.4	SM56.4	SM136.4	SM146.4	SM156.4	当前计数的状态位 0 = 减计数，1 = 增计数
SM36.5	SM46.5	SM56.5	SM136.5	SM146.5	SM156.5	当前值等于设定值的状态，0 = 不等于，1 = 等于
SM36.6	SM46.6	SM56.6	SM136.6	SM146.6	SM156.6	当前值大于设定值的状态，0 = 小于等于，1 = 大于

4. 高速计数器的工作模式

高速计数器有 12 种不同的工作模式（0~11），分为 4 类，如表 3－10 所示。每个高速计数器都有多种工作模式，可以通过编程的方法使用定义高速计数器指令 HDEF 来选定工作模式。这里就不详细说明了，有需要时可以查阅 S7－200 工作手册。

表 3－10　高速计数器的工作模式

模式	描　述	输　入			
	HSC0	I0.0	I0.1	I0.2	
	HSC1	I0.6	I0.7	I1.0	I1.1
	HSC2	I1.2	I1.3	I1.4	I1.5
	HSC3	I0.1			
	HSC4	I0.3	I0.4	I0.5	
	HSC5	I0.4			
0	带有内部方向控制的单相计数器	时钟脉冲			
1		时钟脉冲		复位	
2		时钟脉冲		复位	启动
3	带有外部方向控制的单相计数器	时钟脉冲	方向		
4		时钟脉冲	方向	复位	
5		时钟脉冲	方向	复位	启动
6	带有两个时钟输入的双相计数器	增计数脉冲	减计数脉冲		
7		增计数脉冲	减计数脉冲	复位	
8		增计数脉冲	减计数脉冲	复位	启动
9	A/B 相正交计数器	A 相脉冲	B 相脉冲		
10		A 相脉冲	B 相脉冲	复位	
11		A 相脉冲	B 相脉冲	复位	启动
12	仅 HSC0 和 HSC3 支持模式 12 HSC0 计数 Q0.0 所发脉冲的个数 HSC3 计数 Q0.1 所发脉冲的个数				

5. 高速计数器的控制字节

系统为每个高速计数器都安排了一个特殊寄存器 SMB 作为控制字，可以通过对控制字节指定位的设置，确定高速计数器的工作模式。S7－200 PLC 在执行 HSC 指令前，首先要检查与每个高速计数器相关的控制字节，在控制字节中设置了启动输入信号和复位输入信号的有效电平、正交计数器的计数倍率、计数方向采用内部控制的有效电平、是否允许改变计数方向、是否允许更新设定值、是否允许更新当前值以及是否允许执行高速计数指令。在这里就不一一赘述了，有兴趣的同学可以查阅 S7－200 工作手册。

6. 高速计数器的当前值寄存器和设定值寄存器

每个高速计数器都有一个 32 位的经过值寄存器 HC0~HC5，同时每个高速计数器还有一个32位的当前值寄存器和一个32位的设定值寄存器，当前值和设定值都是有符号的整数，具体地址见表3－11。为了向高速计数器装入新的当前值和设定值，必须先将当前值和设定值以双字的数据类型装入表3－11所列的特殊寄存器中。然后执行 HSC 指令，才能将新的值传送给高速计数器。

表3－11　高速计数器的数值寻址

计数器号	HSC0	HSC1	HSC2	HSC3	HSC4	HSC5
初始值	SMD38	SMD48	SMD58	SMD138	SMD148	SMD158
预设值	SMD42	SMD52	SMD62	SMD142	SMD152	SMD162
当前值	HC0	HC1	HC2	HC3	HC4	HC5

7. 高速计数器的初始化

由于高速计数器的 HDEF 指令在进入 RUN 模式后只能执行1次，为了减少程序运行时间，优化程序结构，一般以子程序的形式进行初始化。

下面以 HC2 为例，介绍高速计数器的各个工作模式的初始化步骤。

（1）利用 SM0.1 来调用一个初始化子程序。

（2）在初始化子程序中，根据需要向 SMB47 装入控制字。例如，SMB47 = 16#F8，其意义是：允许写入新的当前值，允许写入新的设定值，计数方向为增计数，启动和复位信号为高电平有效。

（3）执行 HDEF 指令，其输入参数为：HSC 端为2（选择2号高速计数器），MODE 端为0/1/2（对应工作模式0、模式1、模式2）。

（4）将希望的当前计数值装入 SMD58（装入0可进行计数器的清零操作）。

（5）将希望的设定值装入 SMD62。

（6）如果希望捕获当前值等于设定值的中断事件，编写与中断事件号16相关联的中断服务程序。

（7）如果希望捕获外部复位中断事件，编写与中断事件号18相关联的中断服务程序。

（8）执行 ENI 指令。

（9）执行 HSC 指令。

（10）退出初始化子程序。

8. 高速计数器应用举例

某产品包装生产线用高速计数器对产品进行累计和包装，每检测1000个产品时，自动启动包装机进行包装，计数方向可由外部信号控制。

设计步骤如下。

（1）选择高速计数器，确定工作模式。

在本例中，选择的高速计数器为 HC0，由于要求技术方向可由外部信号控制，而其不要复位信号输入，确定工作模式为模式3，采用当前值等于设定值的中断事件，中断事件号为12，启动包装机工作子程序，高速计数器的初始化采用子程序。

（2）用 SM0.1 调用高速计数器初始化子程序，子程序号为 SBR_0。

（3）向 SMB37 写入控制字 SMB37 = 16#F8。

（4）执行 HDEF 指令，输入参数：HSC 为 0、MODE 为 3。

（5）向 SMD38 写入当前值，SMD38 = 0。

（6）向 SMD42 写入设定值，SMD42 = 1 000。

（7）执行建立中断连接指令 ATCH，输入参数：INT 为 INT - 0，EVNT 为 12。

（8）编写中断服务程序 INT0，在本例中为调用包装机控制子程序，子程序号为 SBR - 1。

（9）执行全局开中断指令 ENI。

（10）执行 HSC 指令，对高速计数器编程并投入运行。

其梯形图程序如图 3 - 9 所示。

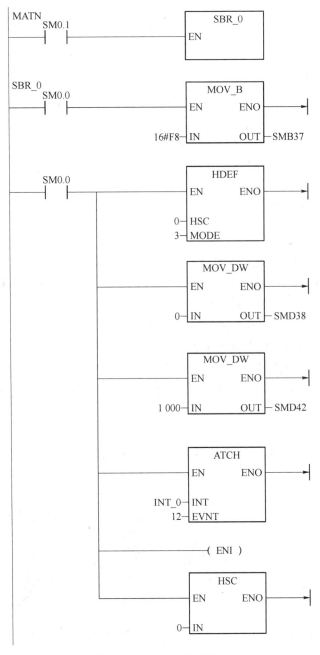

图 3 - 9 高速计数器应用

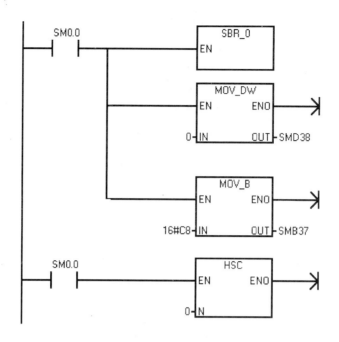

图 3 - 9 高速计数器应用（续图）

二、拨码开关

1. 拨码开关

拨码开关，也叫 DIP 开关、拨动开关、超频开关、地址开关、拨拉开关、数码开关或指拨开关，是一款用来操作控制的地址开关，采用的是 0、1 的二进制编码原理。通俗地说，也就是一款能用手拨动的微型开关，所以也通常叫指拨开关。比较有名的是台湾百莹、圆达和 KE 等，其品质出众，但相对来说价格也较高。

拨码开关每一个键对应的背面上下各有两个引脚，当拨至 ON 一侧时，下面两个引脚接通；反之则断开。这 4 个键是独立的，相互之间没有关联。此类元件多用于二进制编码。可以设接通为 1、断开为 0。图 3 - 10 所示开关有 16 种编码，图示开关代表二进制数字 1 010，即十进制数 10。

2. 8421 拨码开关

图 3 - 11 所示的 8421 拨码开关是多位 BCD 编码拨码开关，每个开关都有一块电路板，通过印制电路图案产生 BCD 编码，每个开关下面的 4 个引脚输出相应的 BCD 码。

图 3 - 10 拨码开关   图 3 - 11 8421 拨码开关

那么什么是 8421 码呢？8421 码是中国大陆的叫法，由于代码中从左到右每一位的 1 分别表示 8、4、2、1，所以把这种代码叫作 8421 代码。8421 码是 BCD 代码中最常用的一种。BCD 代码（Binary - Coded Decimal，BCD），称 BCD 码或二转十进制代码，是一种二进制的数字编码形式，采用二进制编码的十进制代码。

由于十进制数共有 0、1、2、…、9 这 10 个数码，因此，至少需要 4 位二进制码来表示 1 位十进制数。4 位二进制码共有 $2^4 = 16$ 种码组，在这 16 种代码中，对应 0 ~ 9、A ~ F 这 16 个数。BCD 代码只选用 0 ~ 9，而 A ~ F 对应的二进制数称为无效码。

这种编码技巧最常用于会计系统的设计里，因为会计制度经常需要对很长的数字串作准确的计算。相对于一般的浮点式记数法，采用 BCD 码，既可保存数值的精确度，又可免却计算机作浮点运算时所耗费的时间。此外，对于其他需要高精确度的计算，BCD 编码也很常用。

三、编码器

编码器（Encoder）是将信号（如比特流）或数据进行编制、转换为可用以通信、传输和存储的信号形式的设备。编码器把角位移或直线位移转换成电信号，前者称为码盘，后者称为码尺。按照读出方式，编码器可以分为接触式和非接触式两种；按照工作原理，编码器可分为增量式和绝对式两类。增量式编码器是将位移转换成周期性的电信号，再把这个电信号转变成计数脉冲，用脉冲的个数表示位移的大小。绝对式编码器的每一个位置对应一个确定的数字码，因此它的示值只与测量的起始位置和终止位置有关，而与测量的中间过程无关。

1. 码盘

码盘（Encoding Disk）是测量角位移的数字编码器。它具有分辨能力强、测量精度高和工作可靠等优点，是测量轴转角位置的一种最常用的位移传感器。码盘分为绝对式编码器和增量式编码器两种，前者能直接给出与角位置相对应的数字码；后者利用计算系统将旋转码盘产生的脉冲增量针对某个基准数进行加减。

接触式编码器是绝对式编码器中的一种，它由编码盘、电刷和电路组成。图 3 - 12（a）是一个 6 位二进制编码器。编码盘按二进制码制成，与旋转轴固定在一起。码盘上有 6 条码道，每条码道上有许多扇形导电区（黑区）和不导电区（白区），全部导电区连在一起接到一个公共电源上。6 个电刷沿一个固定的径向安装，分别与 6 条码道接触。每个电刷与一单根导线相连，输出 6 个电信号，其电平由码盘的位置控制。当电刷与导电区接触时，输出为"1"电平；与不导电区接触时，输出为"0"电平。随着转角的不同，输出相应的码。编码器的精度取决于码盘本身的精度，分辨率则取决于码道的数目。若为 10 条码道的码盘，其分辨率为 1/1 024，采用多个码盘和装上内部传动机构时可达1/100 000。

接触编码器的缺点是码盘与电刷之间存在接触摩擦，使用寿命短。电刷与码道的不正确接触还会产生模糊输出，可能给出错误的结果，造成误差。

另一种绝对式编码器是光学编码器，是依照光学和光电原理制成的器件。它由光源、码

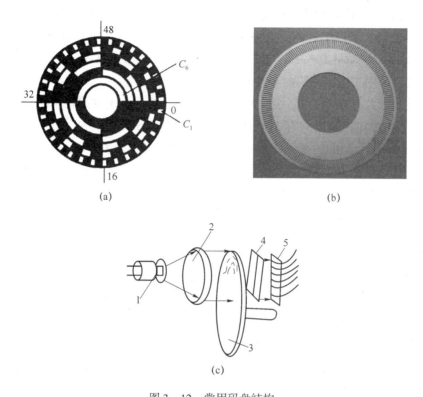

图 3 – 12　常用码盘结构

（a）接触式编码器码盘；（b）光电式编码器码盘；（c）光电式编码器示意图

1—光源；2—透镜；3—码盘；4，5—光电元件组

盘、光学系统及电路 4 部分组成，如图 3 – 12（c）所示。码盘是在不透明的基底上按二进制码制成明暗相间的码道，如图 3 – 12（b）所示，相当于接触编码器的导电区和不导电区。由于光电码盘与电动机同轴，当电动机旋转时，码盘（光栅盘）与电动机同速旋转，经发光二极管等电子元件组成的检测装置检测输出若干脉冲信号，通过计算每秒光电编码器输出脉冲的个数就能反映当前电动机的转速。此外，为判断旋转方向，码盘还可提供相位相差 $90°$ 的两路脉冲信号。光线通过码盘由光电元件转换成相应的电信号。光学编码器的精度高于 $1/10^8$，径向分度线的精度为 $0.067\ \text{rad/s}$。已制出的标准码盘有伪随机码、素数码、循环码、正弦余弦码、对数码和二进十进码等。

2. 光栅尺

光栅尺，也称为光栅尺位移传感器（光栅尺传感器），如图 3 – 13 所示，是利用光栅的光学原理工作的测量反馈装置。光栅尺经常应用于数控机床的闭环伺服系统中，可用作直线位移或者角位移的检测。其测量输出的信号为数字脉冲，具有检测范围大、检测精度高、响应速度快等特点。例如，在数控机床中常用于对刀具和工件的坐标进行检测，来观察和跟踪走刀误差，以起到补偿刀具运动误差的作用。

光栅尺位移传感器按照制造方法和光学原理的不同，分为透射光栅和反射光栅。

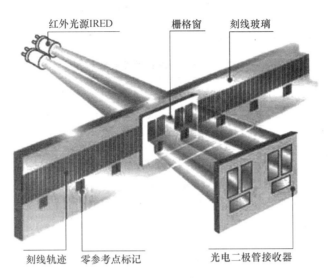

图 3 - 13 光栅尺

 【任务实施】

这里选用的是 S7 - 200 系列 CPU 226 的 PLC。把 I0.0、I0.1 作为启动、停止按钮输入端，把 I0.2 ~ I0.7 作为出入口车辆检测传感器输出端和抬杆高低位传感器输出端；把 Q0.0 ~ Q0.3 作为入口和出口抬杆、落杆控制电机的输出端，把 Q1.0 ~ Q1.6 作为控制数码管显示的输出端。

1. 输入、输出端口分配

数码管的输入端口对应的地址，如表 3 - 12 所示。

表 3 - 12　输入、输出端口地址

输入量（IN）			输出量（OUT）				
元件代号	功能	输入点	元件代号	功能	输出点	元件代号	输出点
SB1	启动按钮	I0.0	KM1	入口抬杆	Q0.0	a	Q1.0
SB2	停止按钮	I0.1	KM2	入口落杆	Q0.1	b	Q1.1
SQ1	入口检测	I0.2	KM3	出口抬杆	Q0.2	c	Q1.2
SQ2	出口检测	I0.3	KM4	出口落杆	Q0.3	d	Q1.3
SQ3	入口高位	I0.4	L1	空位指示灯	Q0.4	e	Q1.4
SQ4	入口低位	I0.5	L2	满位指示灯	Q0.5	f	Q1.5
SQ5	出口高位	I0.6				g	Q1.6
SQ6	出口低位	I0.7					

2. 绘制电气原理图及硬件连接

根据表 3 - 12 所示连接输入/输出端口。

3. 编写程序

根据任务分析，画出梯形图程序如图 3 - 14 所示。

4. 项目实施考核表

项目实施考核表如表3-13所示。

表3-13　项目实施考核表

实施步骤	考 核 内 容	分值	成绩
接线	拟定接线图，完成各设备之间的连接	10	
编程	编程并录入梯形图程序，编译、下载	10	
调试及故障排除	调试：PLC处于RUN状态，闭合开关SA 故障排除：逐一检查输入和输出回路 说明：①能准确完成软、硬件联调，显示正确结果 ②若结果错误，能找出故障点并解决	20	
成果演示		10	
总评成绩		50	

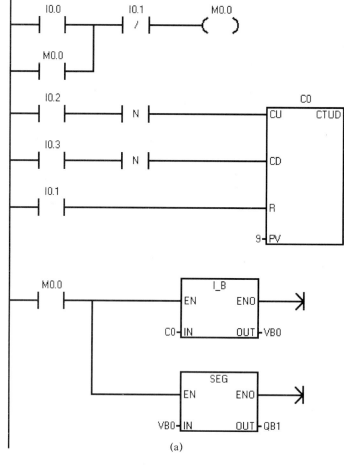

(a)

图3-14　梯形图程序

（a）数码管显示部分程序

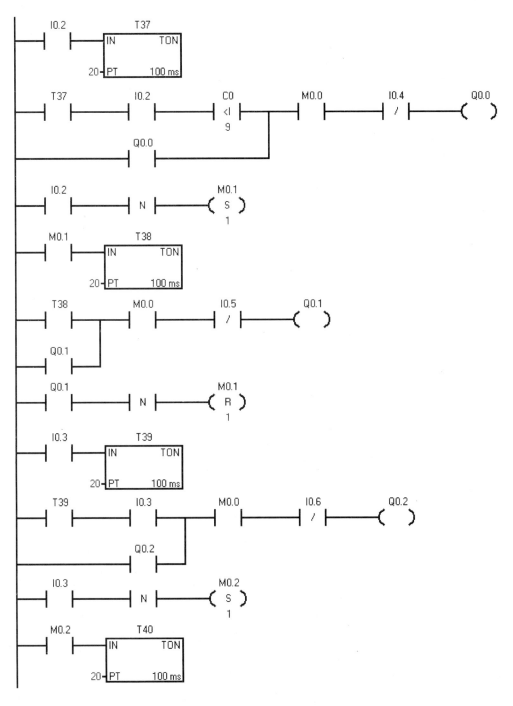

图 3 - 14　梯形图程序 (续图)

(b) 抬杆、落杆部分程序

图 3-14　梯形图程序（续图）
（b）抬杆、落杆部分程序

【知识链接】

PLC 程序设计常用方法

PLC 程序设计常用的方法主要有经验设计法、继电器控制电路转换为梯形图法、顺序控制设计法和时序逻辑设计法等。

1. 经验设计法

经验设计法是在一些典型的控制电路程序的基础上，根据被控制对象的具体要求，进行选择组合，并在调试过程中进行多次反复调试和修改，有时需增加一些辅助触点和中间编程环节，才能达到控制要求。这种方法没有规律可遵循，设计所用的时间和设计质量与设计者的经验有很大的关系，所以称为经验设计法。这种设计方法较灵活，设计出的梯形图一般不是唯一的。程序设计的经验不能一朝一夕获得，但熟悉典型的基本控制程序，是设计一个较复杂系统控制程序的基础。

2. 继电器控制电路转换为梯形图法

用 PLC 的外部硬件接线和梯形图软件来实现继电器控制系统的功能，如图 3-15 所示。将继电器电路图转换为功能相同的 PLC 的外部接线图和梯形图的步骤如下。

（1）了解和熟悉被控设备的工艺过程和机械的动作情况，根据继电器电路图分析、掌握控制系统的工作原理，这样才能做到在设计和调试控制系统时心中有数。

（2）画出控制系统控制流程图。控制系统流程图能够直观、简洁地表示出整个系统各个控制节点的控制要求。确定被控系统必须完成的动作及完成这些动作的顺序，画出工艺流程图和动作顺序表。这种方式容易构思，是一种常用的程序表达式。

（3）归纳输入和输出节点。确定与继电器电路图的中间继电器、时间继电器对应的梯形图中的辅助继电器 M 和定时器 T 的元件号。对于 PLC 而言，必须了解哪些是输入量，用什么传感器来反映和传送输入信号；必须了解哪些是输入被控量，用什么执行元件或设备接收 PLC 送出的信号。

（4）列出 I/O 分配表。确定 PLC 的输入信号和输出负载，画出 PLC 的外部接线图。对输入和输出节点做出分配，列出 I/O 分配表，画出系统接线图。

（5）根据上述对应关系画出梯形图。

根据继电器电路图设计梯形图的注意事项如下。

（1）设计梯形图的基本原则。设计梯形图时，应力求电路结构清晰、易于理解。

（2）中间单元的设置。在梯形图中，若多个线圈都受某一触点串并联电路的控制，为了简化电路，在梯形图中可以设置用该电路控制的辅助继电器。

（3）复杂电路的等效。设计梯形图时以线圈为单位，用叠加法考虑继电器电路图中每个线圈分别受到哪些触点和电路的控制，然后将控制同一线圈的各条电路并联起来，从而画出等效的梯形图电路。

（4）尽量减少 PLC 的输入信号和输出信号。PLC 的价格与 I/O 点数有关，减少 I/O 信号的点数是降低硬件费用的主要措施。一般只需要同一输入器件的一个常开触点或常闭触点给 PLC 提供输入信号，在梯形图中，可以多次使用同一输入继电器的常开触点和常闭触点。

（5）软件互锁与硬件互锁。除了在梯形图中设置对应的软件互锁外，还必须在 PLC 的输出回路设置硬件互锁。

（6）梯形图电路的优化设计。

（7）热继电器触点的处理。若是手动复位的热继电器的常闭触点，可以不需要占用 PLC 的一个输入点，直接与接触器的线圈串联；若是自动复位的热继电器的常闭触点，必须占用 PLC 的一个输入点，通过梯形图软件实现电动机的过载保护，以防过载保护后电动机自动重新运转。

3. 顺序控制设计法

根据功能流程图，以步为核心，从起始步开始一步一步地设计下去，直至完成。此法的关键是画出功能流程图。这种设计方法将在下一个项目中详细介绍。

4. 时序逻辑设计法

时序逻辑设计法适用于 PLC 各输出信号的状态变化有一定时间顺序的场合，在程序设计时根据画出的各输出信号的时序图，理顺各状态转换的时刻和转换条件，找出输出与输入及内部触点的对应关系，并进行适当化简。一般来讲，时序逻辑设计法应与经验法配合使用；否则将可能使逻辑关系过于复杂。

时序逻辑设计法的编程步骤如下。

（1）根据控制要求，明确 I/O 信号个数。

（2）明确各输入和各输出信号之间的时序关系，画出各输入和输出信号的工作时序图。

（3）将时序图划分成若干个时间区段，找出区段间的分界点，弄清分界点处输出信号状态的转换关系和转换条件。

（4）对 PLC 的 I/O、内部辅助继电器和定时器/计数器等进行分配。

（5）列出输出信号的逻辑表达式，根据逻辑表达式画出梯形图。

（6）通过模拟调试，检查程序是否符合控制要求，结合经验设计法进一步修改程序。

例如，某一控制系统动作分析如表 3-14 所示，根据该表列出逻辑表达式，并画出梯形图。

由表 3-14 得到以下逻辑表达式，即

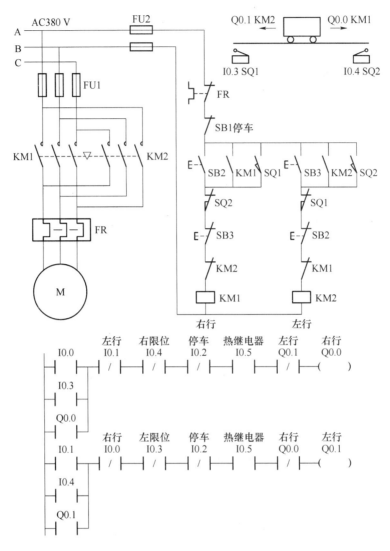

图 3 – 15 继电器控制电路图转换成梯形图

$$U = SB2 \cdot SQ1 + SB3 \cdot SQ1 + SB3 \cdot SQ2 = SQ1 \cdot (SB2 + SB3) + SB3 \cdot SQ2$$

$$D = SB1 \cdot SQ2 + SB1 \cdot SQ3 + SB2 \cdot SQ3 = SB1 \cdot (SQ2 + SQ3) + SB2 \cdot SQ3$$

表 3 – 14 某控制系统动作分析

按钮开关			极限开关			动作	
SB1	SB2	SB3	SQ1	SQ2	SQ3	U	D
1	0	0	0	1	0	0	1
1	0	0	0	0	1	0	1
0	1	0	0	0	1	0	1
0	1	0	1	0	0	1	0
0	0	1	1	0	0	1	0
0	0	1	0	1	0	1	0

由表 3 – 14 得到图 3 – 16 所示的时序图。

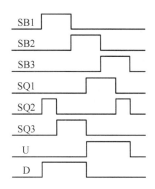

图 3 – 16　表 3 – 14 对应的时序图

I/O 端口分配如表 3 – 15 所示。

表 3 – 15　I/O 端口分配

输入端子			输出端子		
名称	代号	输入点编号	名称	代号	输出点编号
按钮 1	SB1	I0. 0		U	Q0. 0
按钮 2	SB2	I0. 1		D	Q0. 1
按钮 3	SB3	I0. 2			
限位开关 1	SQ1	I0. 3			
限位开关 2	SQ2	I0. 4			
限位开关 3	SQ3	I0. 5			

得到图 3 – 17 所示的梯形图。

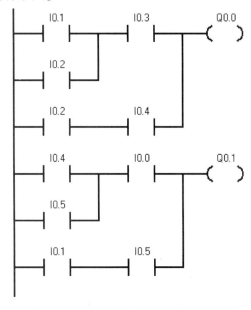

图 3 – 17　由逻辑表达式得到的梯形图

121

【思考与练习】

（1）高速计数器 HSC 的寻址格式是_____。

（2）S7－200 系列 PLC 共有_____个高速计数器。

（3）请编程实现：某点焊设备中，通过 SA1 和 SA2 的选择开关可以设定点焊次数为 100、200、400、800 共 4 种。根据点焊踏板 SB 的计数，当达到预定次数时，输出报警灯闪烁。

 【做一做】

实验一

实验题目：设计楼梯灯控制系统。

实验要求：只用一个按钮 I0.0 控制。当按一次按钮时，楼梯灯亮 2 min 后自动熄灭；当连续按两次按钮时（2 s 内），灯常亮不灭；当按下按钮的时间超过 2 s 时，灯熄灭。

实验过程：

（1）填写 I/O 端口分配表（表 3－16）。

表 3－16　I/O 端口分配表

输入端子			输出端子		
名称	代号	输入点编号	名称	代号	输出点编号
启动按钮	K9		灯泡	HL1	

（2）编写控制程序。

（3）调试、连线运行程序。

实验二

实验题目：延时接通、延时断开电路实现。

实验要求：电机在开关接通 3 s 后启动，在开关断开 5 s 后停止。

实验过程：

（1）填写 I/O 端口分配表（表 3－17）。

表 3－17　I/O 端口分配表

输入端子			输出端子		
名称	代号	输入点编号	名称	代号	输出点编号
开关	SB		电动机	KM1	

（2）编写程序。

（3）调试、连线运行程序。

任务三　全自动洗衣机

【任务目标】

（1）掌握 PLC 计数器的使用方法。

（2）熟悉 PLC 逻辑运算指令。

（3）学会 PLC 控制程序设计。

【任务分析】

图 3-18 所示的全自动洗衣机的洗衣桶（外桶）和脱水桶（内桶）是以同一中心安放的。外桶固定，作盛水用。内桶可以旋转，作脱水（甩干）用。内桶的四周有很多小孔，使内、外桶的水流相通。洗衣机的进水和排水分别由进水电磁阀和排水电磁阀来执行。进水时，通过电控系统使进水阀打开，经进水管将水注入外桶。排水时，通过电控系统使排水阀打开，将水由外桶排到机外。洗涤正转、反转由洗涤电动机驱动波盘正、反转来实现，此时脱水桶并不旋转。脱水时，通过电控系统将离合器合上，由洗涤电动机带动内桶正转进行甩干。高、低水位开关分别用于检测高、低水位。启动按钮用于启动洗衣机工作；停止按钮用于实现手动停止进水、排水、脱水及报警；排水按钮用于实现手动排水。

控制要求：

按下"开始"按钮后，进水阀打开，洗衣机开始进水，当水位到达高水位时停止进水并开始洗涤正转。正洗 15 s 后暂停。暂停 3 s 后开始洗涤反转。反洗 15 s 后暂停。暂停 3 s 后，若正/反转未满 3 次，则返回从正洗开始的动作；若正/反洗满 3 次时，则开始排水。

当水位下降到低水位时开始脱水并继续排水。脱水 10 s 即完成一次从进水到脱水的大循环过程。若未完成 3 次大循环，则返回从进水开始的全部动作，进行下一次大循环；若完成了 3 次循环，则进行洗完报警。报警 10 s 后结束全部过程，自动停机。

此外，当按"排水"按钮时可以实现手动排水；按"停止"按钮可以实现手动停止进水、排水、脱水及报警。

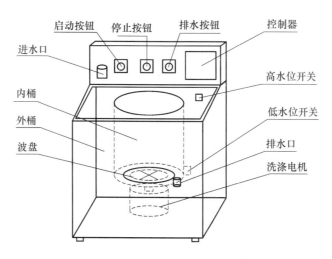

图 3 – 18 全自动洗衣机实物示意图

 【背景知识】

一、逻辑运算指令

S7 – 200 PLC 提供了完成字节、字、双字的逻辑与、或、取反和异或运算的 4 类指令。按操作数长度可分为字节、字和双字逻辑运算。IN1、IN2、OUT 操作数的数据类型分别为 B、W、DW。逻辑运算指令影响的特殊存储器位：SM1.0（零）。使能流输出 ENO 断开的出错条件：0006（间接寻址）；SM4.3（运行时间）。指令格式如表 3 – 18 所示。

表 3 – 18 逻辑与运算指令格式

指令	梯形图	语句表
字节与指令	WAND_B EN　　ENO ????–IN1　OUT–???? ????–IN2	ANDB　IN1，OUT
字与指令	WAND_W EN　　ENO ????–IN1　OUT–???? ????–IN2	ANDW　IN1，OUT
双字与指令	WAND_DW EN　　ENO ????–IN1　OUT–???? ????–IN2	ANDD　IN1，OUT

续表

指令	梯形图	语句表
字节或指令	WOR_B —EN ENO— ????—IN1 OUT—???? ????—IN2	ORB IN1, OUT
字或指令	WOR_W —EN ENO— ????—IN1 OUT—???? ????—IN2	ORW IN1, OUT
双字或指令	WOR_DW —EN ENO— ????—IN1 OUT—???? ????—IN2	ORD IN1, OUT
字节取反指令	INV_B —EN ENO— ????—IN OUT—????	INVB IN, OUT
字取反指令	INV_W —EN ENO— ????—IN OUT—????	INVW IN1, OUT
双字取反指令	INV_DW —EN ENO— ????—IN OUT—????	INVD IN1, OUT
字节异或指令	WXOR_B —EN ENO— ????—IN1 OUT—???? ????—IN2	XORB IN1, OUT
字异或指令	WXOR_W —EN ENO— ????—IN1 OUT—???? ????—IN2	XORW IN1, OUT
双字异或指令	WXOR_DW —EN ENO— ????—IN1 OUT—???? ????—IN2	XORD IN1, OUT

同学们可参照图3-19学习逻辑运算指令，看看在执行指令前后，各存储单元的内容有何不同？

操作数	指令执行前	指令执行后
VB0	0011 1110	
LD0	1010 1010 1010 1010	
	1010 1010 1010 1010	
VB10	1111 0101	
VB20	0101 0000	
VB30		
VW40	1011 0110 1111 0000	
VW50		

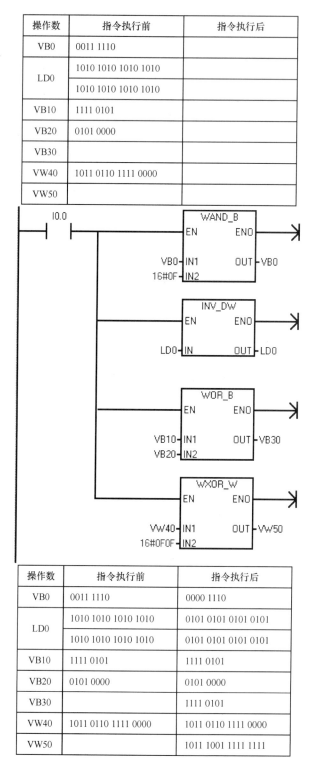

操作数	指令执行前	指令执行后
VB0	0011 1110	0000 1110
LD0	1010 1010 1010 1010	0101 0101 0101 0101
	1010 1010 1010 1010	0101 0101 0101 0101
VB10	1111 0101	1111 0101
VB20	0101 0000	0101 0000
VB30		1111 0101
VW40	1011 0110 1111 0000	1011 0110 1111 0000
VW50		1011 1001 1111 1111

图3-19 逻辑运算指令应用

若一组 8 个彩灯,隔灯点亮 1 s 闪烁,只要 QB0 = 1010 1010,再在 SM0.5 的上升沿（1 s 间隔）执行 INVB QB0 指令即可,如图 3 - 20 所示。

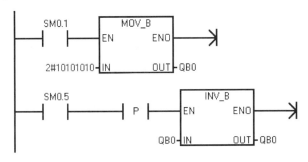

图 3 - 20 彩灯闪烁举例

二、实时时钟指令

PLC 的有些特殊功能是通过特殊应用指令来实现的,这样可以使某些复杂控制任务的程序设计过程变得简单和容易,S7 - 200 PLC 的特殊应用指令有前面介绍过的高速计数指令以及实时时钟的设定和读取指令、脉冲输出指令、通信指令和 PID 控制指令,这里主要介绍时钟的设定和读取指令。其指令格式如表 3 - 19 所示。

表 3 - 19 实时时钟指令格式

指令	梯形图	语句表
设定实时时钟指令 Set Real - time Clock	SET_RTC EN ENO ????-T	TODW T
读实时时钟指令 Read Real - time Clock	READ_RTC EN ENO ????-T	TODR T

1. 读实时时钟

读实时时钟 TODR 指令,当使能输入有效时,系统读当前时间和日期,并把它装入一个 8B 的缓冲区。

2. 写实时时钟

写实时时钟 TODW 指令,用来设定实时时钟。当使能输入有效时,系统将包含当前时间和日期,一个 8B'的缓冲区将装入时钟。

以地址 T 为起始的 8B 的存储区中存储的数据内容及地址范围如表 3 - 20 所示。需要注意的是,对于星期的数值,1 代表的是星期日,7 代表的是星期六,而 0 表示禁止星期。

表 3 - 20 时钟缓冲区

字节	T	$T+1$	$T+2$	$T+3$	$T+4$	$T+5$	$T+6$	$T+7$
含义	年	月	日	小时	分钟	秒	0	星期
数值范围	00 ~ 99	01 ~ 12	01 ~ 31	00 ~ 59	00 ~ 59	00 ~ 59	0	00 ~ 07

如果数据内容为星期的，因为年、月、日的关系，星期是自动固定了的，所以星期保持默认即可，在实际应用的时候，对于 $T+5$、$T+6$、$T+7$ 经常是不进行设置的。但要注意的是，CPU 不会检查日期与星期是否合理，比如可能会出现 2 月 30 日的情况，所以在写入时钟时要确认输入数据的正确性。

在使用时钟读写指令时，有以下几点是要注意的。

（1）一般使用边沿触发设置时钟指令，即驱动条件的上升沿，把设定的时间写入到 PLC。

（2）读取实时时钟指令用 SM0.5 来调用，即 1 s 读取一次，读取 PLC 里面的实时时间。

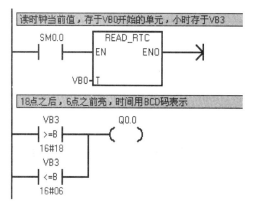

图 3 - 21　路灯控制

（3）时钟的显示数值是 BCD 码形式。

（4）不要同时在主程序和中断程序中使用读时钟和系统设置时钟指令。

（5）对于没有使用过时钟指令、长时间断电或内存丢失后的 PLC，在使用时钟指令之前，要通过 SEP7 软件 "PLC" 菜单对 PLC 时钟进行设定，然后才能开始使用时钟指令。时钟可以设定和 PC 中的时间一致，也可用设定实时时钟指令自由设定，但必须对时钟存储单元赋值，才能使用设定实时时钟指令。

例如，控制路灯晚 18：00 时打开，早 6：00 关闭。其梯形图如图 3 - 21 所示。

 【任务实施】

1. I/O 点分配

根据任务分析，对输入量、输出量进行分配，如表 3 - 21 所示。

表 3 - 21　I/O 信号地址分配表

输入量（IN）			输出量（OUT）		
元件代号	功能	输入点	元件代号	功能	输出点
SB1	启动按钮	I0.0	MB1	进水电磁阀	Q0.0
SB2	停止按钮	I0.1	MB2	排水电磁阀	Q0.1
SB3	手排按钮	I0.2	KM1	正转洗涤	Q0.2
SQ1	高水位传感器	I0.3	KM2	反转洗涤	Q0.3
SQ2	低水位传感器	I0.4	MB3	脱水离合器	Q0.4
			SK	蜂鸣器	Q0.5

2. 绘制电气原理图

根据控制要求及 I/O 分配表，绘制电气原理图，如图 3 - 22 所示，以保证硬件接线操作正确。

3. 编写程序

根据任务分析画出梯形图程序，如图 3 - 23 所示。

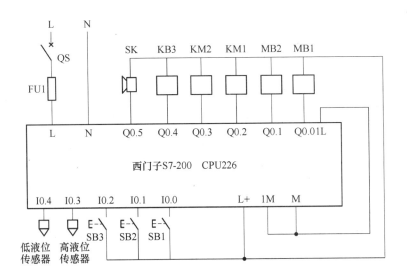

图 3-22 电气控制原理图

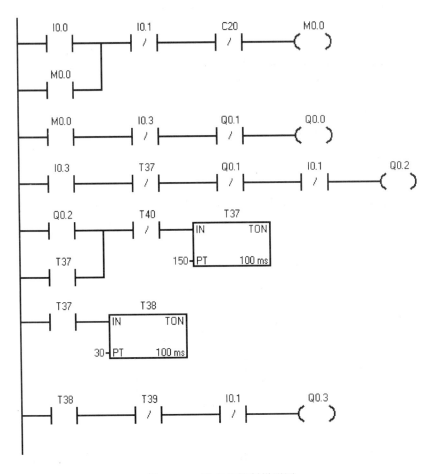

图 3-23 洗衣机控制梯形图

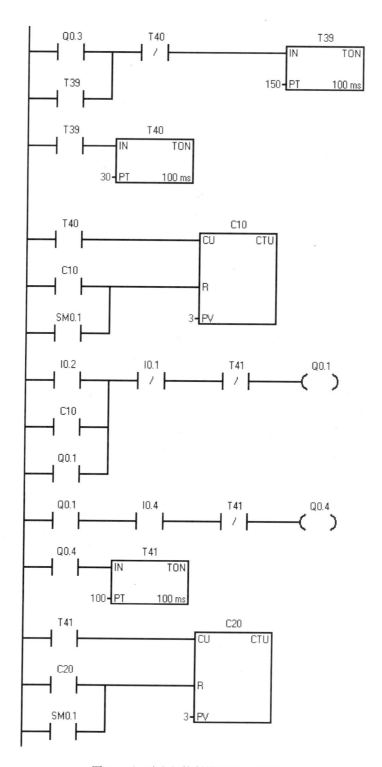

图 3 – 23 洗衣机控制梯形图（续图）

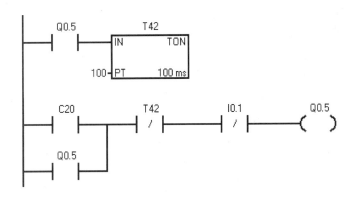

图 3 - 23 洗衣机控制梯形图（续图）

4. 项目实施考核表

项目实施考核表如表 3 - 22 所示。

表 3 - 22 项目实施考核表

实施步骤	考 核 内 容	分值	成绩
接线	拟定接线图，完成各设备之间的连接	10	
编程	编程并录入梯形图程序，编译、下载	10	
调试及故障排除	调试：PLC 处于 RUN 状态，闭合开关 SA 故障排除：逐一检查输入和输出回路 说明：①能准确完成软、硬件联调，显示正确结果 ②若结果错误，能找出故障点并解决	20	
成果演示		10	
总评成绩		50	

 【知识链接】

PLC 的选型方法

在 PLC 系统设计时，首先应确定控制方案，下一步工作就是 PLC 工程设计选型。工艺流程的特点和应用要求是设计选型的主要依据。按照易于与工业控制系统形成一个整体，易于扩充其功能的原则选型。所选用 PLC 应是在相关工业领域有投运业绩、成熟可靠的系统，PLC 的系统硬件、软件配置及功能应与装置规模和控制要求相适应。工程设计选型和估算时，应详细分析工艺过程的特点、控制要求，明确控制任务和范围，确定所需的操作和动作，然后根据控制要求，估算 I/O 点数、所需存储器容量、确定 PLC 的功能以及外部设备特性等，最后选择有较高性价比的 PLC 和设计相应的控制系统。

1. I/O 点数的估算

在自动控制系统设计之初，就应该对控制点数有一个准确的统计，这往往是选择 PLC 的首要条件，在满足控制要求的前提下力争所选的 I/O 点数最少。考虑到以下几方面的因素，PLC 的 I/O 点还应留有一定的备用量（10% ~ 15%）。

（1）可以弥补设计过程中遗漏的点。

（2）能够保证在运行过程中个别点有故障时可以有替代点。

（3）将来可以升级时扩展 I/O 点。

2. 存储器容量的估算

存储器容量是 PLC 本身能提供的硬件存储单元大小，程序容量是存储器中用户应用项目使用的存储单元的大小，因此程序容量小于存储器容量。设计阶段，由于用户应用程序还未编制，因此，程序容量在设计阶段是未知的，需在程序调试之后才知道。为了设计选型时能对程序容量有一定估算，通常采用存储器容量的估算来替代。

存储器内存容量的估算没有固定的公式，许多文献资料中给出了不同公式，大体上都是按数字量 I/O 点数的 10～15 倍，加上模拟 I/O 点数的 100 倍，以此数为内存的总字数（16位为一个字）。另外，再按此数的 25% 考虑余量。

3. 功能的选择

该选择包括运算功能、控制功能、通信功能、编程功能、诊断功能和处理速度等特性的选择。

（1）运算功能。简单 PLC 的运算功能包括逻辑运算、计时和计数功能；普通 PLC 的运算功能还包括数据移位、比较等运算功能；较复杂运算功能有代数运算、数据传送等；大型PLC 中还有模拟量的 PID 运算和其他高级运算功能。随着开放系统的出现，目前在 PLC 中都已具有通信功能，有些产品具有与下位机的通信，有些产品具有与同位机或上位机的通信，有些产品还具有与工厂或企业网进行数据通信的功能。设计选型时应从实际应用的要求出发，合理选用所需的运算功能。大多数应用场合，只需要逻辑运算和计时计数功能，有些应用需要数据传送和比较，当用于模拟量检测和控制时，才使用代数运算、数值转换和 PID运算等。要显示数据时需要译码和编码等运算。

（2）控制功能。控制功能包括 PID 控制运算、前馈补偿控制运算、比值控制运算等，应根据控制要求确定。PLC 主要用于顺序逻辑控制，因此，大多数场合常采用单回路或多回路控制器解决模拟量的控制，有时也采用专用的智能 I/O 单元完成所需的控制功能，以提高PLC 的处理速度和节省存储器容量，如采用 PID 控制单元、高速计数器、带速度补偿的模拟单元和 ASCII 码转换单元等。

（3）通信功能。大中型 PLC 系统应支持多种现场总线和标准通信协议（如 TCP/IP），需要时应能与工厂管理网（TCP/IP）相连接。通信协议应符合 ISO/IEEE 通信标准，应是开放的通信网络。

PLC 系统的通信接口应包括串行和并行通信接口（RS 2232C/422A/423/485）、RIO 通信口、工业以太网、常用 DCS 接口等；大中型 PLC 通信总线（含接口设备和电缆）应 1:1冗余配置，通信总线应符合国际标准，通信距离应满足装置实际要求。

PLC 系统的通信网络中，上级的网络通信速率应大于 1 Mb/s，通信负荷不大于 60%。PLC 系统的通信网络主要有下列几种形式。

① PC 为主站，多台同型号 PLC 为从站，组成简易 PLC 网络。

② 一台 PLC 为主站，其他同型号 PLC 为从站，构成主从式 PLC 网络。

③ PLC 网络通过特定网络接口连接到大型 DCS 中作为 DCS 的子网。

④ 专用 PLC 网络（各厂商的专用 PLC 通信网络）。

为减轻 CPU 通信负担，根据网络组成的实际需要，应选择具有不同通信功能的（如点对点、现场总线、工业以太网）通信处理器。

（4）编程功能。

① 离线编程方式。PLC 和编程器共用一个 CPU，编程器在编程模式时，CPU 只为编程器提供服务，不对现场设备进行控制。完成编程后，编程器切换到运行模式，CPU 对现场设备进行控制，不能进行编程。离线编程方式可降低系统成本，但使用和调试不方便。

② 在线编程方式。PLC 主机和编程器有各自的 CPU，主机 CPU 负责现场控制，并在一个扫描周期内与编程器进行数据交换，编程器把在线编制的程序或数据发送到主机，下一扫描周期，主机就根据新收到的程序运行。这种方式成本较高，但系统调试和操作方便，在大中型 PLC 中常采用。

5 种标准化编程语言，即顺序功能图（SFC）、梯形图（LD）、功能模块图（FBD）3 种图形化语言和语句表（IL）、结构文本（ST）两种文本语言。选用的编程语言应遵守其标准（IEC 6113123），同时，还应支持多种语言编程形式，如 C、BASIC 等，以满足特殊控制场合的控制需要。

（5）诊断功能。PLC 的诊断功能包括硬件和软件的诊断。硬件诊断通过硬件的逻辑判断确定硬件的故障位置，软件诊断分内诊断和外诊断。通过软件对 PLC 内部的性能和功能进行诊断是内诊断，通过软件对 PLC 的 CPU 与外部输入/输出等部件信息交换功能进行诊断是外诊断。

PLC 的诊断功能的强弱，直接影响对操作和维护人员技术能力的要求，并影响平均维修时间。

（6）处理速度。PLC 采用扫描方式工作。从实时性要求来看，处理速度应越快越好，如果信号持续时间小于扫描时间，则 PLC 将扫描不到该信号，造成信号数据的丢失。

处理速度与用户程序的长度、CPU 处理速度、软件质量等有关。扫描周期（处理器扫描周期）应满足：小型 PLC 的扫描时间不大于 0.5 ms/K；大中型 PLC 的扫描时间不大于 0.2 ms/K。

4. 机型的选择

（1）PLC 的类型。PLC 按结构分为整体型和模块型两类；按应用环境分为现场安装和控制室安装两类；按 CPU 字长分为 1 位、4 位、8 位、16 位、32 位、64 位等。从应用角度出发，通常可按控制功能或 I/O 点数选型。

整体型 PLC 的 I/O 点数固定，因此用户选择的余地较小，用于小型控制系统；模块型 PLC 提供多种 I/O 卡件或插卡，因此用户可较合理地选择和配置控制系统的 I/O 点数，功能扩展方便灵活，一般用于大中型控制系统。

（2）I/O 模块的选择。I/O 模块的选择应考虑与应用要求的统一。例如，对输入模块，应考虑信号电平、信号传输距离、信号隔离、信号供电方式等应用要求；对输出模块，应考虑选用的输出模块类型，通常继电器输出模块具有价格低、使用电压范围广、寿命短、响应时间较长等特点；可控硅输出模块适用于开关频繁、电感性低功率因数负荷场合，但价格较贵，过载能力较差。输出模块还有直流输出、交流输出和模拟量输出等，与应用要求应一致。

可根据应用要求，合理选用智能型 I/O 模块，以便提高控制水平和降低应用成本。考虑是否需要扩展机架或远程I/O机架等。

（3）电源的选择。PLC的供电电源，除了引进设备时同时引进PLC，并根据PLC说明书要求设计和选用外，一般PLC的供电电源应设计选用220 V交流电源，与国内电网电压一致。重要的应用场合，应采用不间断电源或稳压电源供电。

如果PLC本身带有可使用电源时，应核对提供的电流是否满足应用要求；否则应设计外接供电电源。为防止外部高压电源因误操作而引入PLC，对输入和输出信号的隔离是必要的，有时也可采用简单的二极管或熔丝管隔离。

（4）存储器的选择。由于计算机集成芯片技术的发展，存储器的价格已下降，因此，为保证应用项目的正常投运，一般要求PLC的存储器容量按256个I/O点至少选8K存储器选择。需要复杂控制功能时，应选择容量更大、档次更高的存储器。

（5）经济性的考虑。选择PLC时，应考虑性能价格比。考虑经济性时，应同时考虑应用的可扩展性、可操作性、投入产出比等因素，进行比较和兼顾，最终选出比较令人满意的产品。

I/O点数对价格有直接影响。每增加一块I/O卡件就需增加一定的费用。当点数增加到某一数值后，存储器容量、机架、母板等也要相应增加，因此，点数的增加对CPU选用、存储器容量、控制功能范围等选择都有影响。在估算和选用时应充分考虑，使整个控制系统有比较合理的性价比。

液位传感器和液位开关

1. 液位传感器

液位传感器能将被测点液位参量实时地转变为相应电量信号的仪器。广泛用于水厂、炼油厂、化工厂、玻璃厂、污水处理厂、高楼供水系统、水库、河道、海洋等对供水池、配水池、水处理池、水井、水罐、水箱、油井、油罐、油池及对各种液体静态、动态液位的测量和控制。

常用液位传感器按测量方式可分为两类，即接触式液位传感器和非接触式液位传感器。

（1）接触式液位传感器。其包括单法兰静压/双法兰差压液位变送器、浮球式液位变送器、磁性液位变送器、投入式液位变送器、电动内浮球液位变送器、电动浮筒液位变送器、电容式液位变送器、磁致伸缩液位变送器以及伺服液位变送器等。

（2）非接触式液位传感器，分为超声波式液位变送器、雷达式液位变送器等。

2. 液位开关

液位开关输出的是开关量信号，在液位到达设定水位时，开关接通或断开。与液位传感器不同的是，液位传感器可以输出连续模拟信号，随时跟踪液位变化，而液位开关只有两种状态，即"开"和"关"。

液位开关从形式上主要分为接触式和非接触式。非接触式的如超声波式液位开关、音叉式液位开关等；接触式的如浮球式液位开关、压力式液位开关和电子式液位开关等。

浮球式液位开关最大的特点是有一个带杆的浮球，随着液位的变化，浮球联动的杆随着变化，从而控制开关的闭合。工业上很早就利用浮子测量水塔中的水位了。家用抽水马桶就是利用浮球来控制水箱水位的。

洗衣机是全球范围内广泛使用的白色家电产品。近些年来，随着水资源的紧缺以及市场对家电产品节能、环保性能要求的提高，特别是欧洲、北美地区对于家电产品节水指标已经进入立法程序，良好的节水性能已经成为新一代智能、绿色洗衣机的重要技术发展趋势。

在大多数的洗衣机设计中，液位测量是通过机械触点开关或是压控的 LC 振荡器（依靠控制器检测振荡频率的变化以感知液位高度）。全自动洗衣机中一般采用的液位开关就是压力式水位开关，它装在洗涤缸的上部，有一根下端开口的气管通到缸底，进水时管里的空气被封闭在里面出不来，就形成比外界稍高的压力。水位越高压力越高，这样根据压力就可间接测知水位了。而压力的测量仍然用弹性元件，靠元件的变形带动触点完成通断动作。这种测量液位的方法叫做"静压法"，在工业中使用很多。

 【思考与练习】

（1）利用一个按钮实现电动机的控制，即按下按钮电动机启动，再次按下按钮电动机停止。

① 利用置位、复位指令实现。

② 利用计数器指令实现。

（2）一台电动机 M1，要求按下启动按钮 SB1 后 10 min，电动机自行启动，按下按钮 SB2 后电动机停止。设计梯形图（用计数器指令实现）。

（3）设计一个报时器。按上、下午区分，1 点和 13 点接通音响一次；2 点和 14 点接通音响 2 次；每次持续时间 1 s，间隔 1 s；3 点和 15 点接通音响 3 次，每次持续时间 1 s，间隔 1 s；以此类推。

（4）已知某控制程序的语句表形式，请将其转换为梯形图的形式，并说明其功能。

```
LD   I0.0
AN   T37
TON  T37, 1000
LD   T37
LD   Q0.0
CTU  C10, 360
LD   C10
O    Q0.0
=    Q0.0
```

 【做一做】

实验一

实验题目：设计灯光闪烁程序一。

实验目的：

（1）熟悉 STEP 7 – Micro/WIN 编程软件的使用方法。

（2）掌握 PLC 的定时器、计数器应用方法。

实验要求：有一只灯泡，设计按下启动按钮后，灯泡每 2 s 闪烁一次，闪烁 10 次后，闪烁时间变为 1 s 一次，同样闪烁 10 次，作为一个循环。再重复回到 2 s 闪烁，以此类推。经过 3 次循环后，灯泡自动熄灭。

实验过程：

（1）填写 I/O 端口分配表（表 3 – 23）。

表 3 – 23　I/O 端口分配表

输入端子			输出端子		
名称	代号	输入点编号	名称	代号	输出点编号
启动按钮	K9		灯泡1	HL1	

（2）编写控制程序。

（3）调试、连线运行程序。

实验二

实验题目：设计灯光闪烁程序二。

实验目的：

（1）熟悉 STEP 7 – Micro/WIN 编程软件的使用方法。

（2）掌握 PLC 的定时器、计数器应用方法。

实验要求：有一组 8 个灯泡，按下启动按钮后，灯泡隔灯点亮，时间间隔为 3 s，循环 10 次，灯泡熄灭（采用取反指令实现）。

实验过程：

（1）填写 I/O 端口分配表（表 3 – 24）。

表 3 – 24　I/O 端口分配表

输入端子			输出端子		
名称	代号	输入点编号	名称	代号	输出点编号
启动按钮	K9		灯泡1	HL1	
			灯泡2	HL2	
			灯泡3	HL3	
			灯泡4	HL4	
			灯泡5	HL5	
			灯泡6	HL6	
			灯泡7	HL7	
			灯泡8	HL8	

（2）编写控制程序。

（3）调试、连线运行程序。

任务四　自动售货机控制系统

【任务目标】

（1）掌握 PLC 的定时器和计数器的使用方法。

（2）了解 PLC 的表指令和高速脉冲指令。

（3）完成 PLC 的系统设计。

【任务分析】

在实际生活中，我们见到的售货机（图 3 - 24）可以销售一些简单的日用品，如饮料、常用药品和小的生活保健用品等。售货机的基本功能就是对投入的货币进行运算，并根据货币数值判断是否能够购买某种商品，并作出相应的反应。例如，售货机中有 8 种商品，其中 01 号商品（代表第一种商品）价格为 2.60 元，02 号商品为 3.50 元，其余类推。现投入一枚 1 元硬币，当投入的货币超过 01 号商品的价格时，01 号商品的选择按钮处应有变化，提示可以购买，其他商品同此。当按下选择 01 号商品的价格时，售货机进行减法运算，从投入的货币总值中减去 01 号商品的价格同时启动相应的电机，提取 01 号商品到出货口。此时售货机继续进行等待外部命令，如继续交易，则同上。如果此时不再购买而按下退币按钮，售货机则要进行退币操作，退回相应的货币，并在程序中清零，完成此次交易。由此看来，售货机一次交易要涉及加法运算、减法运算以及在退币时的除法运算，这是它的内部功能。还要有货币识别系统和货币的传动来实现完整的售货、退币功能。

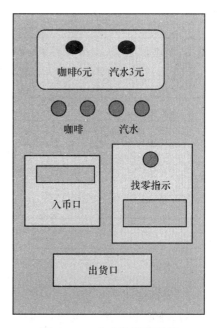

图 3 - 24　自动售货机面板

本次任务中的自动售货机有两种商品，即汽水3元、咖啡6元，自动售货机有3个投币孔，分别为1元、2元、5元的硬币识别装置，货币指示装置会显示投入钱币的总额。如投币总额超过销售价格，将可由退币按钮找回余额。投币值不大于3元时，汽水指示灯亮，表示只可选择汽水；投币值不小于6元时，汽水和咖啡指示灯亮，表示都可以购买。当可以购买时，按下相应的饮料按钮，则相对应的指示灯亮4 s后自动熄灭，表示饮料已经掉出。动作停止后按退币按钮，可以退回余额。

本任务中主要计算投入钱币的总额，分别设置记录1元、2元、5元硬币的计数器，然后乘以相应的面值并累加，就会得到投币总额。用这个总额与汽水和咖啡的价格相比较，投币总额不小于商品价格时，相应商品指示灯会亮，在按下需购买商品按钮后就可以付货了。付货完成后，用投币总额减去商品价格，即为找零数额。这里不考虑找零的结构，只是需要找零时找零指示灯亮即可。

 【背景知识】

一、表指令

表是指定义一块连续存放数据的存储区，通过专设的表功能指令可以方便地实现对表中数据的各种操作，数据表的作用是用来存放字型数据的表格。

1. 数据表的格式

表3-25中最大填表数为5，即该表最多可有5个字数据，目前已有3个数据，因此实际填表数为0003，表中第四、第五个单元内容不确定，用＊＊＊＊表示，并不是为空，一般为0000或前次操作结果。

表3-25　数据表格式

字地址	单元内容	说　明
VW200	0004	表地址 TL（最大填表数）
VW202	0003	EC（实际填表数）
VW204	1346	数据0
VW206	2456	数据1
VW208	4567	数据2
VW210	＊＊＊＊	

注意：表格最大能填充100个数据，不包括最大填表数（TL）和实际填表数（EC）。

2. 表指令格式

S7-200 PLC表功能指令包括填表指令（ATT）、查表指令（FND）和表中取数指令。表指令格式如表3-26所示。

表 3 – 26　表指令格式

指令名称	梯形图	语句表
填表指令	AD_T_TBL EN　　ENO ???? – DATA ???? – TBL	ATT DATA, TBL
存储区填充指令	FILL_N EN　　ENO ???? – IN　OUT – ???? ???? – N	FILL IN, OUT, N
先进先出指令	FIFO EN　　ENO ???? – TBL　DATA – ????	FIFO TABLE, DATA
后进先出指令	LIFO EN　　ENO ???? – TBL　DATA – ????	LIFO TABLE, DATA
查表指令	TBL_FIND EN　　ENO ???? – TBL ???? – PTN ???? – INDX ???? – CMD	FND　TBL, PTN, INDX, CMD

1）填表指令 ATT

ATT 填表指令是向表中增加一个数据 DATA，该数可以是常量，也可以是存储单元内容。表格中的第一个数值是表格的最大长度（TL）。第二个数值是表格的实际条目数。每次向表格中增加新数据后，实际条目计数（EC）加 1。新数据被增加至表格中的最后一个条目之后，即无法再向表格中添加数据，报溢出。表格最多可包含 100 个条目，不包括指定最大条目数和实际条目数的参数。填表指令应用如图 3 – 25 所示。

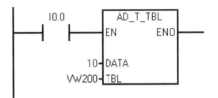

图 3 – 25　填表指令应用

例如，未执行指令前，如表 3 – 27 所示，执行指令后，表状态如何？

填表前表 3 – 27 中最大填表数为 5，即该表最多可有 5 个字数据，目前已有 3 个数据，因此实际填表数为0003；而执行填表指令后，在该表第四个单元填入内容为000A的字数据，同时实际填表数改为0004，如表3-27所示。

表3-27　执行填表指令后结果

字地址	填表前	填表后	说　明
VW200	0005	0005	表地址 TL（最大填表数）
VW202	0003	0004	EC（实际填表数）
VW204	1346	1346	数据0
VW206	2456	2456	数据1
VW208	4567	4567	数据2
VW210	＊＊＊＊	000A	数据3
VW212	＊＊＊＊	＊＊＊＊	

2）存储区数据填充指令 FILL_IN

当使能输入有效时，将字型输入值 IN 填充至从 OUT 开始的 N 个字的存储单元中。N 为字节型，可取 1~255 的正数。

3）查表指令 FND

通过表查找指令可以从字型数表中找出符合条件的数据所在的表中数据编号，编号范围是 0~99。

在梯形图中有4个数据输入端：TBL 表格的首地址，用以指明被访问的表格；PTN 是用来描述查表条件的进行比较的数据；CMD 是比较运算符"?"的编码，它是一个 1~4 的数值，分别代表 =、<>、< 和 > 运算符；INDX 用来指定表中符号查找条件的数据地址。查表指令应用如图3-26所示。

例如，仍然是表3-27，执行指令后，AC0 = ?

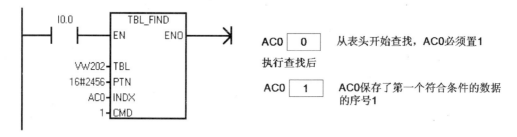

图3-26　查表指令应用

查表指令执行完成，找到一个符合条件的数据，如果想继续向下查找，必须先对 INDX 加1，以重新激活查表指令。

4）表取数指令

从表中移出一个字型数据可有两种方式，即先进先出式和后进先出式。一个数据从表中取出之后，表的实际表数 EC 值减1。两种方式指令在梯形图中有两个数据端：输入端 TBL 表格的首地址，用以指明被访问的表格；输出端 DATA 指明数值取出后要存放的目标单元。

如果指令试图从空表中取走一个数值，则特殊标志寄存器 SM1.5 置位。表取数指令影响的特殊存储器位：SM1.5（表空）。

（1）先进先出指令：FIFO。

当使能输入有效时，从 TBL 指明的表中移出第一个字型数据，并将其输出到 DATA 所指定的字单元。FIFO 表取数时，移出的数据总是最先进入表中的数据。每次从表中移出一个数据，剩余数据依次上移一个字单元位置，同时实际填表数 EC 会自动减 1。

（2）后进先出指令：LIFO。

当使能输入有效时，从 TBL 指明的表中移出最后一个字型数据，并将其输出到 DATA 所指定的字单元。LIFO 表取数时，移出的数据总是最后进入表中的数据。每次从表中移出一个数据，剩余数据位置不变，同时实际填表数 EC 会自动减 1。

二、高速脉冲输出功能指令

1. 简介

在运动控制系统中，伺服电机和步进电机是很重要的精确定位装置，而控制伺服电机和步进电机需要使用高速脉冲输出信号控制。S7 – 200 PLC 具有的高速脉冲输出功能可以使PLC 在指定输出点上产生高速的 PWM（脉宽调制）脉冲或输出频率可变的 PTO 脉冲，可以用于步进电机和直流伺服电动机的定位控制和调速。S7 – 200 PLC 可以输出 20 ~ 100 kHz 的脉冲，在使用高速脉冲输出功能时，CPU 模块应选择晶体管输出型，以满足高速脉冲输出的频率要求。通过 SMB66 ~ 75、SMB166 ~ 175 来控制 Q0.0 的输出，通过 SMB76 ~ 85、SMB176 ~ 185 来控制 Q0.1 的脉冲输出。

PLS，脉冲输出指令。当使能端有效时，检测用户程序设置的特殊功能寄存器位，激活由控制位定义的脉冲操作，从 Q 端口指定的数字输出端口输出高速脉冲。

S7 – 200 有两台 PTO/PWM 发生器，建立高速脉冲串或脉宽调节信号波形。一台发生器指定给数字输出点 Q0.0，另一台发生器指定给数字输出点 Q0.1。由于只有两个高速输出端口，所以 PLS 指令在一个程序中最多使用两次。

PTO/PWM 发生器和输出映像寄存器共用 Q0.0 和 Q0.1 端口，但这两个端口在同一时间只能使用一种功能。PTO 或 PWM 功能在 Q0.0 或 Q0.1 端口现用时，PTO/PWM 发生器控制输出，并禁止输出点的正常使用。输出信号波形不受输出映像寄存器状态、强制输出指令和立即输出指令的影响。PTO/PWM 发生器非现用时，输出控制转交给输出映像寄存器，输出映像寄存器决定输出信号波形的初始和最终状态，使信号波形在高位或低位开始和结束。

注释：

（1）在启用 PTO 或 PWM 操作之前，将用于 Q0.0 和 Q0.1 的过程映像寄存器设为 0。

（2）所有的控制位、周期、脉宽和脉冲计数值的默认值均为 0。

（3）PTO/PWM 输出至少有 10% 的额定负载，才能完成从关闭至打开以及从打开至关闭的顺利转换。

2. 高速脉冲输出方式

高速脉冲输出（PTO）的功能是提供方波（50% 占空比）输出或指定的脉冲数和指定的周期，如图 3 – 27 所示。

周期范围为 10 ~ 65 535 μs 或为 2 ~ 65 535 ms。

脉冲计数范围为 1 ~ 4 294 967 295 次脉冲。

为周期指定基数 μs 或 ms（如 75 ms）会引起占空比的失真。

图 3 – 27　高速脉冲串输出

3. 脉宽调制

脉宽调制（PWM）的功能是提供带变量占空比的固定周期输出。

4. 指令格式

脉冲输出指令如表 3 – 28 所示。其功能是检测用程序设置的特殊寄存器位激活由控制器定义的脉冲操作。PTO 输出和 PWM 输出都由指令 PLS 激活。

表 3 – 28　PLS 指令格式

指令	梯形图	语句表
脉冲输出指令	PLS EN　　ENO ????–Q0.X	PLS　Q

PTO 功能允许脉冲串连接或管线作业。现用脉冲串完成时，新的脉冲串输出立即开始。这样就保证了随后的输出脉冲串的连续性。该管线作业可用两种方式中的一种完成，即单段管线作业或多段管线作业。

1）单段管线作业

在单段管线作业中，管线中只能存放一个脉冲串参数，初始 PTO 段一旦开始，就要立即为下一脉冲串设置控制参数，并再次执行 PLS 指令。第二个脉冲串特征被保留在管线中，直至第一个脉冲串完成。管线中每次只能存储一个条目。第一个脉冲串一旦完成，第二个信号波形输出立即开始，管线可用于新的脉冲串输出，重复以上步骤，就可输出多个脉冲串。若前后脉冲串的时基发生变化或利用 PLS 指令捕捉到新的脉冲串之前上一脉冲串已经完成，在脉冲串之间会出现不平滑转换。

在管线满时，若要再装入一个脉冲串的控制参数，则状态位 SM66.6 或 SM76.6 会置位，表示 PTO 管线溢出。单管线编程较复杂，主要需注意新脉冲串控制参数的写入时机。

2）多段管线作业

在多段管线作业中，需要在变量存储器区（V）建立一个包络表。包络表中包含各脉冲串参数（初始周期、周期增量和脉冲数）及要输出脉冲串的段数。使用 PLS 指令启动输出后，系统自动从包络表中读取每个脉冲串的参数进行输出。

编程时，必须向 SMW168 或 SMW17 装入包络表的起始指令的偏移地址（从 V0 开始计算偏移地址）。例如，包络表从 VB300 开始，则需向 SMW168 或 SMW17 中写入十进制数 300。包络表中的周期增量可以为 μs 或 ms，但该选项适用于包络表中的所有周期值，但在包络运行时不得变更。然后可由 PLS 指令执行开始多段操作。

3）包络表的格式

包络表中各段长度均为 8B，前两个字节为该段起始脉冲的周期值（表 3 – 29）；接下来的两个字节为前后两个脉冲之间周期值的变化量，若为正则输出脉冲周期变大，若为负则输出脉冲周期变小，若为 0 则输出脉冲周期不变；最后 4 个字节设置本段内输出脉冲的数量。

一般来说，为使各段脉冲之间能平滑过渡，各段的结束周期（ECT）与下一段的初始周期（ICT）应相等，在各段输出脉冲数（Q）确定的情况下，脉冲的周期增量（N）需要经过计算来确定。

例如，第 1 段中的初始周期为 500 μs，脉冲数为 400 个；第 2 段的初始周期为 100 μs，为保证平滑过渡，第 1 段的结束周期设为与第 2 段初始周期相同，该脉冲的周期增量为

$$周期增量 = \frac{该段结束周期 - 该段初始周期}{脉冲个数} = \frac{100 - 500}{400} = -1$$

表 3-29　包络表

从包络表起始地址开始的偏移地址	包络表各段	说　明
VBn	总段数	段数（1~255）：为 0 则产生致命性错误
VBn + 1	第 1 段	初始周期（2~65 535 时间基准单位）
VBn + 3		周期增量（-32 768~32 767 时间基准单位）
VBn + 5		脉冲数（1~4 294 967 295）
VBn + 9	第 2 段	初始周期（2~65 535 时间基准单位）
VBn + 11		周期增量（-32 768~32 767 时间基准单位）
VBn + 13		脉冲数（1~4 294 967 295）
VBn + 17	第 3 段	初始周期（2~65 535 时间基准单位）
VBn + 19		周期增量（-32 768~32 767 时间基准单位）
VBn + 21		脉冲数（1~4 294 967 295）
⋮	⋮	⋮

5. PTO/PWM 指令应用步骤

以脉冲输出 Q0.0 为例对 PTO 指令和 PWM 指令进行说明。

1）单段管线 PTO 脉冲串输出设置步骤

（1）定义控制字节。

（2）设置脉冲周期。

（3）设置脉冲数量。

（4）激活端口。

2）多段管线 PTO 脉冲串输出设置步骤

（1）定义控制字节。

（2）设置包络表。

（3）激活端口。

示例：应用 PTO 实现步进电机的控制。

控制要求：步进电机转动过程中，要从 A 点（500 μs）加速运行到 B 点（10 μs）后恒速运行，又从 C 点（100 μs）开始减速到 D 点（1 000 μs），完成这一过程使用指示灯显示。电动机的转动受脉冲控制，工作过程如图 3-28 所示。

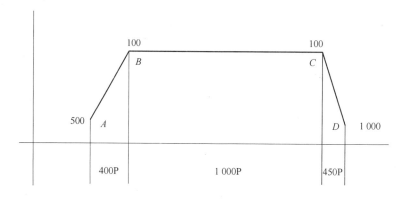

图 3 - 28　步进电动机转速控制时序图

控制程序如图 3 - 29 所示。

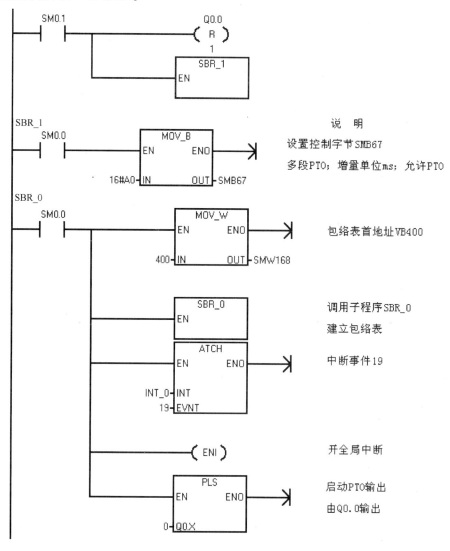

图 3 - 29　PTO 脉冲输出举例

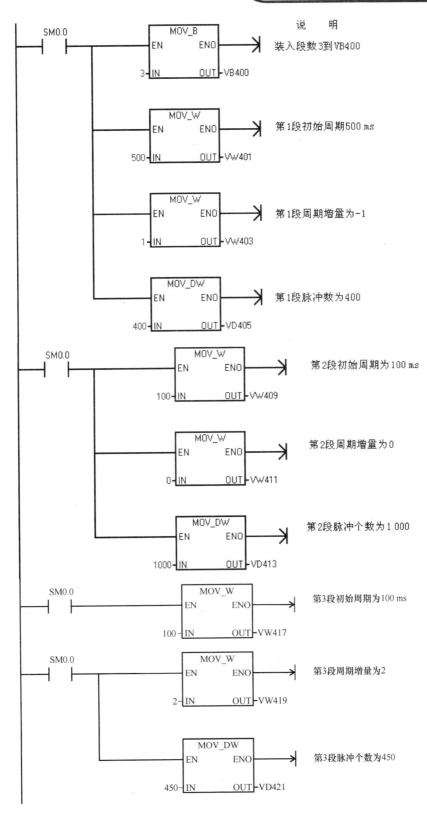

图 3 - 29　PTO 脉冲输出举例（续图）

3）PWM 初始化

以下 PWM 初始化和操作顺序说明建议使用"首次扫描"位（SM0.1）初始化脉冲输出。使用"首次扫描"位调用初始化子程序可缩短扫描时间，因为随后的扫描无须调用该子程序（仅需在转换为 RUN（运行）模式后的首次扫描时设置"首次扫描"位）。用以下步骤建立控制逻辑，用于在初始化子程序中配置脉冲输出 Q0.0。

（1）通过将以下一个值载入 SMB67：16#D3（选择 μs 递增）或 16#DB（选择 ms 递增）的方法配置控制字节。两个数值均可启用 PTO/PWM 功能、选择 PWM 操作、设置更新脉宽和周期值以及选择（μs 或 ms）。

（2）在 SMW68 中载入一个周期的字尺寸值。

（3）在 SMW70 中载入脉宽的字尺寸值。

（4）执行 PLS 指令（以便 S7 - 200 为 PTO/PWM 发生器编程）。

（5）欲为随后的脉宽变化预载一个新控制字节数值（选项），在 SMB67：16#D2（μs）或 16#DA（ms）中载入下列数值之一。

（6）退出子程序。

4）为 PWM 输出更改脉宽

可以使用一个将脉宽改变为脉冲输出（Q0.0）的子程序。建立对该子程序的调用后，使用以下步骤建立改变脉宽的控制逻辑：

（1）在 SMW70 中载入新脉宽的字尺寸值。

（2）执行 PLS 指令，使 S7 - 200 为 PTO/PWM 发生器编程。

（3）退出子程序。

 【任务实施】

这里选用的是 S7 - 200 系列 CPU 226 的 PLC，它有 24 点输入、16 点输出。因此设置购买汽水和咖啡按钮 QS、KF，找零按钮 ZL 以及 1 元、2 元和 5 元投币检测装置 M1、M2、M3。

当付款金额超过汽水或咖啡价格时，指示灯（Q0.1 或 Q0.2）点亮；当按下购买汽水和咖啡按钮时，则购买汽水和咖啡指示灯（Q0.0 或 Q0.1）点亮，并付货（Q0.4 或 Q0.5 动作）；Q1.0 ~ Q1.6 作为控制数码管显示的输出端，可以显示目前投入钱币的数值和应找零的数值。

1. I/O 端口分配

I/O 端口分配，如表 3 - 30 所示。

表 3 - 30 I/O 端口地址

输入量（IN）			输出量（OUT）		
元件代号	功能	输入点	元件代号	功能	输出点
M1	1 元投币	I0.0	A	购买汽水按钮指示灯	Q0.0
M2	2 元投币	I0.1	B	购买咖啡按钮指示灯	Q0.1
M3	5 元投币	I0.2	C	付款金额可购买汽水指示灯	Q0.2
QS	汽水按钮	I0.3	D	付款金额可购买咖啡指示灯	Q0.3

输入量（IN）			输出量（OUT）		
元件代号	功能	输入点	元件代号	功能	输出点
KF	咖啡按钮	I0.4	E	汽水付货	Q0.4
ZL	找零按钮	I0.5	F	咖啡付货	Q0.5
			G	找零指示	Q0.6
				数码管	QB1

2. 绘制电气原理图及硬件连接

根据表 3 – 30 所示，连接 I/O 端口。

3. 编写程序

根据任务分析画出梯形图程序，如图 3 – 30 所示。

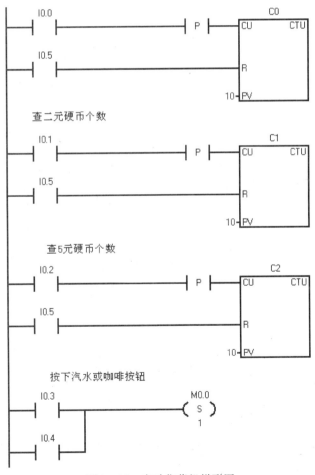

图 3 – 30　自动售货机梯形图

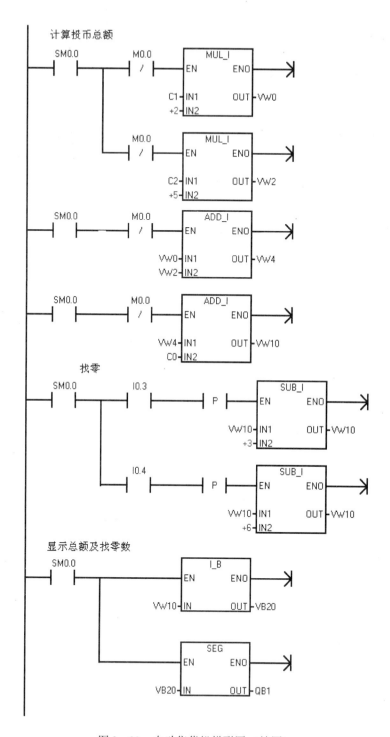

图 3-30　自动售货机梯形图（续图）

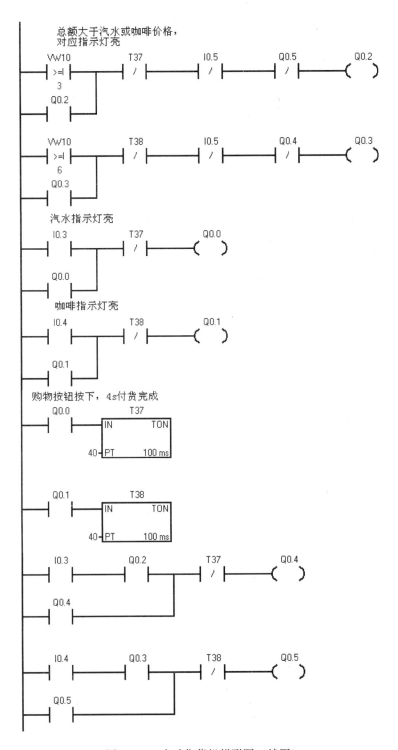

图 3 - 30 自动售货机梯形图 (续图)

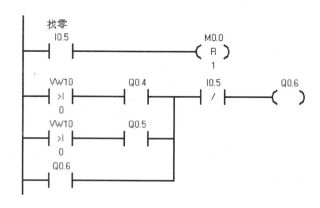

图 3 – 30　自动售货机梯形图（续图）

4. 项目实施考核表

项目实施考核表，如表 3 – 31 所示。

表 3 – 31　项目实施考核

实施步骤	考 核 内 容	分值	成绩
接线	拟定接线图，完成各设备之间的连接	10	
编程	编程并录入梯形图程序，编译、下载	10	
调试及故障排除	调试：PLC 处于 RUN 状态，闭合开关 SA 故障排除：逐一检查输入和输出回路 说明：①能准确完成软、硬件联调，显示正确结果 ②若结果错误，能找出故障点并解决	20	
成果演示		10	
总评成绩		50	

 【知识链接】

计数器扩展

1. 计数器扩展

图 3 – 31 所示为两个计数器组成的扩展计数器，C0 对 I0.0（脉冲信号）计数 30 000 次后给 C1 提供一个信号，同时自身复位，C1 计一次数，计满 30 000 × 30 000 = 900 000 000 次后 Q0.0 有输出。在该计数器复位端，C0 使用的是自己的输出信号，C1 使用的是外部的复位信号，它们都可以用初始化复位脉冲 SM0.1 完成初始化复位操作。

2. 由定时器和计数器组成的扩展定时器

前面讨论过的由多个定时器级联组成的扩展定时器，定时时间不长。例如，需要定时 24 h，按前面讨论过的一个定时器最长定时时间为 3 276.7 s，取 3 000 s = 50 min，则需要 29 个定时器级联，无形中会加大程序容量，对 PLC 的要求就会提高。但在不提高 PLC 成本的情况下，只需由定时器和计数器组成的扩展电路就可以解决这一问题了，如图 3 – 32 所示。

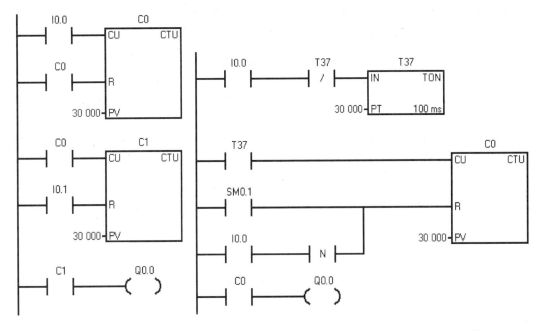

图 3 - 31 计数器扩展　　　　　　图 3 - 32　由定时器和计数器组成的扩展定时器

在图 3 - 32 所示梯形图中，第一个网络中定时器 T37 的常开触点作为第二个网络中计数器 C0 的使能端，因为 T37 常开触点在 30 000 × 100 ms = 3 000 s = 50 min 时闭合，定时器每 50 min 清零一次，使得 C0 每 50 min 加 1，当时间达到 30 000 × 50 min = 150 000 min = 250 h 时，在常开触点 I0.0 闭合 250 h 后，输出线圈 Q0.0 才得电。这种定时器与计数器级联组成的扩展电路可以将定时时间大大延长。

3. 二分频电路

二分频电路，也叫单按钮电路，在许多控制场合，需要对信号进行分频，有时为节省输入点，也采用此种电路，如图 3 - 33 所示。

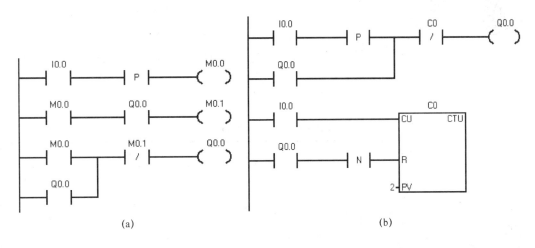

(a)　　　　　　　　　　　　　　　　　　　(b)

图 3 - 33　二分频控制程序

在图 3 - 33（a）中，I0.0 的第一个脉冲到来时，PLC 第一次扫描，M0.0 为 ON 维持一个扫描周期，Q0.0 为 ON，第二次扫描，Q0.0 自锁；I0.0 的第二个脉冲到来时，PC 第一次扫描，M0.0 为 ON，M0.1 为 ON，Q0.0 断开，第二次扫描，M0.0 断开，Q0.0 保持断开；依次类推。

图 3 - 33（b）是采用计数器实现的二分频。第一个输入脉冲到来后的第一次扫描，Q0.0 为 ON，计数器计一次数，第二次扫描，Q0.0 自锁；第二个输入脉冲到来后的第一次扫描，计数器计数，达到两次，第二次扫描，Q0.0 断开，同时由于计数器的复位采用输出断开信号，因此计数器复位。

 【思考与练习】

（1）设计一个计数范围为 500 000 的计数器。

（2）设计一个定时时间为 12 h 的定时器。

（3）编写一个输入、输出程序，实现 0 ~ 100 的计数。当输入端 I0.0 上升沿时，程序采用加计数；当 I0.0 下降沿时，程序采用减计数。

 【做一做】

实验题目：矿泉水厂计数生产线模拟。

实验目的：

（1）熟悉 STEP 7 - Micro/WIN 编程软件的使用方法。

（2）掌握 PLC 定时器、计数器的应用方法。

实验要求：图 3 - 34 所示矿泉水生产线，请编程实现。

按下启动按钮，输送带电机运行；光电开关预设数量为 20 个；当计数器达到 20 时，输送带停止运行 20 s；输送带停止 20 s 后继续运行，重新计数；当矿泉水包装达到 200 个时，系统报警，全线停车。在运行过程中，可随时按下停止按钮，暂停系统。

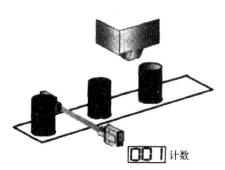

图 3 - 34　矿泉水计数生产线模拟

实验过程：

（1）填写 I/O 端口分配表（表 3 - 32）。

表 3 - 32　I/O 端口分配表

输入端子			输出端子		
名称	代号	输入点编号	名称	代号	输出点编号
启动按钮	K9		接触器	KM1	
停止按钮	K1				
光电传感器	SQ				

（2）编写控制程序。

（3）调试、连线运行程序。

项 目 四

顺序控制继电器（SCR）指令

对于比较小的程序，可以用前面学过的置位、复位、定时器、移位等指令来编写，这种方法称为经验设计法，经验设计法没有一套固定的方法和步骤可以遵循，因此具有很大的试探性和随意性，对于不同的控制系统，没有一种通用的容易掌握的设计方法。在设计复杂系统梯形图时，由于包含元件很多，需要大量的中间单元来完成记忆和互锁等功能，需要考虑的因素很多，它们往往交织在一起，分析和编写都费时费力，容易遗漏一些应该考虑的问题，而且出现错误不好修改，编好的程序即使是其他专业人士也很难读懂，可读性、通用性都很差。为此，在编写大中型程序时常常使用顺序控制系统，采用顺序控制设计法和顺序控制继电器指令（SCR）来实现顺序控制，编写的程序脉络清晰、一目了然，可读性好。本项目主要介绍如何用 SCR 指令编写顺序控制程序。

任务一　自动装车上料控制系统

 【任务目标】

（1）了解顺序控制系统。

（2）掌握顺序控制设计法。

（3）掌握顺序功能流程图和状态转移图。

 【任务分析】

随着工业的发展，生产车间的物料传送大多需要自动化。运料小车的自动控制已越来越普遍。本任务要求利用顺序控制设计法中的顺序功能流程图，设计编写自动装车上料控制系统的梯形图程序，控制要求如下。

图 4-1 所示为自动装车上料控制的示意图。小车在起始原点（A 仓）时，按下启动按

钮，小车向右运行。行至右端（B仓）压下右限位开关，小车翻斗门打开装货，7 s后关闭翻斗门，小车向左运行。行进至左端压下左限位开关，打开小车底门卸货，5 s后底门关闭，完成一次动作。按下连续按钮，小车自动连续往复运行。

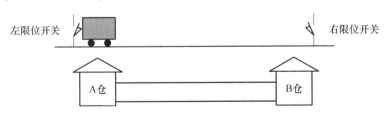

图 4 - 1　自动装车上料控制的示意图

【背景知识】

一、顺序控制系统与顺序控制设计法

1. 顺序控制系统

如果一个控制系统可以分解成几个独立的控制动作，且这些动作必须严格按照一定的先后次序执行才能保证生产的正常运行，这样的系统称为顺序控制系统，也称为步进控制系统。

2. 顺序控制设计法

顺序控制设计法是针对顺序控制系统一种专门的设计方法。这种方法是将控制系统的工作全过程按其状态的变化划分为若干个阶段，这些阶段称为"步"，这些步在各种输入条件和内部状态、时间条件下，自动、有序地进行操作。

顺序控制设计法通常利用顺序功能流程图来进行设计，该过程中各步都有自己应完成的动作。从每一步转移到下一步都是有条件的，条件满足则上一步动作结束，下一步动作开始，上一步的动作被清除。

顺序控制设计法是一种先进的设计方法，很容易被初学者掌握。对于有经验的设计人员，也会提高设计效率，程序的编写、调试和修改都很方便，已成为当前 PLC 程序设计的主要方法。

二、顺序控制流程图的组成

顺序过程流程图主要由步、有向线段、转换、转换条件和动作组成，如图 4 - 2 所示。

1. 功能图转化成梯形图

功能图完成之后，常用以下 3 种

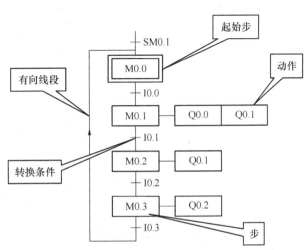

图 4 - 2　顺序功能流程图的结构

方法转换成梯形图语言。

（1）用启保停方法实现（图4-3）。

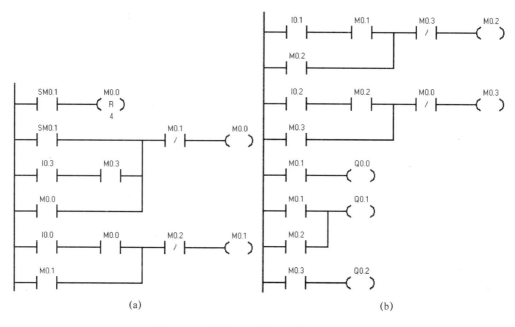

图4-3　采用启保停方法编制的梯形图

（2）采用置位复位法实现（图4-4）。

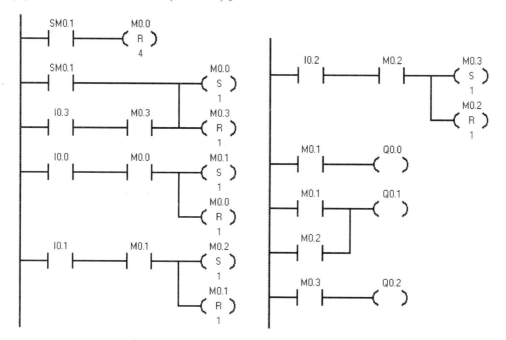

图4-4　采用置位复位方法编制的梯形图

（3）采用顺序控制继电器SCR指令实现。

需要先将图4-2所示的顺序功能流程图转换成状态转移图（图4-5），再采用顺控继电器指令编制梯形图。

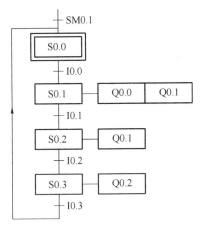

图 4 - 5　状态转换图

2. 转换实现的基本规则

1）转换实现的条件

在顺序功能流程图中步的活动状态的进展是由转换的实现来完成的。转换实现必须同时满足以下两个条件。

（1）该转换所有的前级步都是活动步。

（2）相应的转换条件得到满足。

2）转换实现应完成的操作

（1）使所有的后续步都变为活动步。

（2）使所有的前级步都变为不活动步。

 【任务实施】

1. I/O 点分配

根据任务分析对输入量、输出量进行分配，如表 4 - 1 所示。

表 4 - 1　I/O 分配表

输入量（IN）			输出量（OUT）		
元件代号	功能	输入点	元件代号	功能	输出点
SB1	启动按钮	I0. 0	KM1	小车右行	Q0. 0
SQ1	左限位开关	I0. 2	KM2	翻斗门打开	Q0. 1
SQ2	右限位开关	I0. 1	KM3	小车左行	Q0. 2
SB2	连续按钮	I0. 3	KM4	底门打开	Q0. 3

2. 编制控制程序

（1）用启保停语句实现的控制程序，如图 4 - 6 所示。

启保停语句编程存在的问题如下。

①随着程序复杂程度的增加，程序的可读性越来越差。

②控制程序中存在着较多的联锁、互锁关系，调试困难，以后的可维护性差。

（2）设计顺序功能流程图和编写梯形图程序。根据控制电路的要求，画出顺序功能流程图（图4-7），并依此编写梯形图（图4-8）。

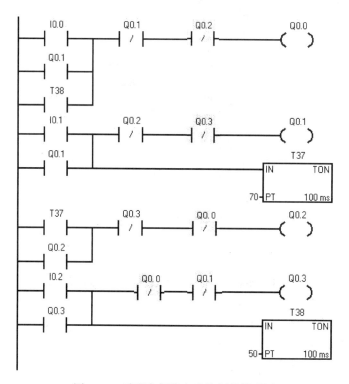

图4-6 采用启保停方法编制的梯形图

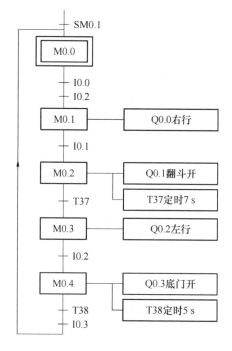

图4-7 自动装车上料顺序流程图

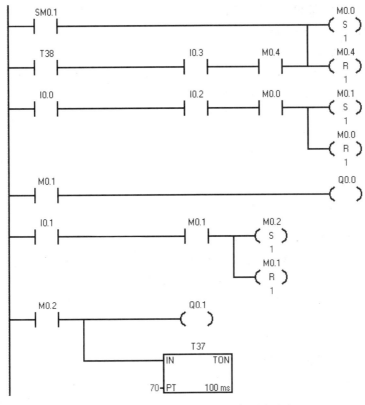

图4-8　自动装车上料控制电路的梯形图

3. 任务考核

考核评分表如表4-2所示。

表4-2　考核评分表

实施步骤	考 核 内 容	分值	成绩
接线	拟定接线图，完成各设备之间的连接	10	
编程	编程并录入梯形图程序，编译、下载	10	
调试及故障排除	调试：PLC处于RUN状态，闭合开关SA 故障排除：逐一检查输入和输出回路 说明：①能准确完成软、硬件联调，显示正确结果 ②若结果错误，能找出故障点并解决	20	
成果演示		10	
总评成绩		50	

【知识链接】

顺序控制设计法的设计步骤和应注意的问题

1. 顺序控制设计法的设计步骤

1）步的划分

将系统的一个工作周期划分为若干个顺序相连的阶段，这些阶段称为步，并且用编程软件来代表各步。步是根据 PLC 输出状态的变化来划分的。在任何一步内，各输出状态不变，但是相邻步之间输出状态是不同的。

2）转换条件的确定

使系统由当前步转入下一步的信号称为转换条件。转换条件可能是外部输入信号，如按钮、指令开关、限位开关的接通/断开等，也可能是 PLC 内部产生的信号，如定时器、计数器触点的接通/断开等。转换条件也可能是若干个信号的与、或、非逻辑组合。

3）顺序功能流程图的绘制

根据以上分析和被控对象工作内容、步骤、顺序和控制要求画出顺序功能流程图。绘制顺序功能流程图是顺序控制设计法关键的一个步骤。

4）梯形图的编制

根据顺序功能流程图，按某种编程方式写出梯形图程序。

2. 绘制顺序功能流程图应注意的问题

（1）两个步绝对不能直接相连，必须用一个转换将它们隔开。

（2）两个转换也不能直接相连，必须用一个步将它们隔开。

（3）顺序功能流程图中起始步是必不可少的，它一般对应于系统等待启动的初始状态，这一步可能没有任何动作执行，因此很容易遗漏，如果没有该步，则无法表示初始状态，系统也无法返回停止状态。

（4）只有当某一步所有的前级步都是活动步时，该步才有可能变为活动步。如果用无断电保持过程的编程元件来代表各步，则 PLC 开始进入 RUN 模式时各步均处于"0"状态，因此必须要有初始化信号，将起始步预置为活动步；否则顺序功能流程图中永远不会出现活动步，系统将无法工作。

 【思考与练习】

（1）顺序过程流程图的组成有哪几个部分？

（2）顺序控制设计法的设计步骤是什么？

 【做一做】

实验题目：电动机顺序控制。

实验目的：进一步熟悉和正确使用顺序设计法编程。

实验要求：

（1）控制要求：只有先启动电动机 M1 后才能启动电动机 M2。

（2）考核要求。

① 电路设计。列出 PLC 控制 I/O 接口元件地址分配表，设计梯形图及 PLC I/O 接线图。

② 程序输入及调试。能正确将程序输入 PLC，按要求进行模拟调试，达到设计要求。

任务二　舞台灯光控制系统

【任务目标】

（1）掌握顺序控制继电器指令。

（2）掌握顺序控制继电器指令的注意事项。

（3）掌握单序列顺序控制程序的编写。

【任务分析】

本次任务是使用顺序控制指令，编制实现红绿灯循环点亮的程序。要求按下启动按钮，红灯先亮 1 s 后灭，接着绿灯亮 1 s 后灭，然后红灯又亮 1 s，……，依次循环。按下停止按钮，系统停止工作。

【背景知识】

一、顺序功能图

1. 顺序功能图

顺序功能图（Sequential Function Chart）是基于工艺流程的高级语音，由步、有向线段、转换条件和动作（或指令）构成。将系统的工作过程分解成若干个顺序执行的各个程序步，程序步用矩形框表示，其中初始程序步用双矩形框表示。每一步有进入条件、程序处理、转换条件和程序结束 4 部分。这些都和本项目任务一中的顺序控制流程图相同，不同的是顺序功能图用顺序控制继电器（SCR）位代表程序的状态步，S7 – 200 PLC 提供的状态器有 S0.0 ~ S31.7，共 256 位。

2. 单序列结构的顺序功能图

单序列结构的特征是转换条件的后面只有一个步，图 4 – 9 所示为一个三步循环步进的顺序功能图。由图可知，1 步后面只有 2 步，2 步后面只有 3 步，3 步在满足步进条件再转移也只能回到 1 步的情形。

图中 1、2、3 分别代表程序的三步状态，程序执行到某步时，该步状态的位置为 1，其余步均为 0。每步所驱动的负载称为步动作，用方框文字或符号表示，并用线将方框与对应的步相连。状态步之间用有向线段连接，表示状态步转移的方向，有向线段上未标注箭头时，表示转移方向为自上而下或自左而右。步进（转换）条件是由当前步进入下一步的信号，它可以是 PLC 输入端的外部输入信号，如按钮，指令开

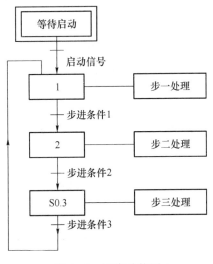

图 4 – 9　顺序功能图

关、限位开关的接通和断开；也可以是程序运行中产生的信号，如定时器、计数器触点的接通；步进条件还可以是多个信号逻辑运算的组合。

二、顺序控制继电器指令

1. 顺序控制继电器指令

顺序控制继电器指令也称为顺序控制指令或顺控指令，它可将顺序功能图转换为梯形图。用3条指令描述程序的步进顺序控制状态，可以用于程序的步进控制、分支、循环和转移控制，指令格式如表4-3所示。

表4-3　顺序控制继电器指令表

LAD	STL	功能
Sx.y SCR	LSCR　Sx. y	步开始
Sx.y ——(SCRT)	SCRT　Sx. y	步转移
——(SCRE)	SCRE	步结束

2. 使用顺序控制继电器指令的注意事项

（1）顺控指令 SCR 只对状态元件 S 有效，顺控继电器 S 也具有一般继电器的功能，所以对它能够使用其他指令。为了保证程序的可靠运行，驱动状态元件 S 的信号应采用短脉冲。

（2）不能把同一个 S 位用于不同程序中。例如，如果在主程序中用了 S0.1，则在子程序中就不能再使用它。

（3）在状态发生转移后，所有的 SCR 段的元器件一般也要复位，当需要保持时，可使用置位/复位指令。

（4）在 SCR 段中不能使用 JMP 和 LBL 指令，就是说，不允许跳入或跳出 SCR 段，也不允许在 SCR 段内跳转，但可以在 SCR 段附近使用跳转和标号指令。

（5）不能在 SCR 段中使用 FOR、NEXT 和 END 指令。

 【任务实施】

1. I/O 点分配

根据任务分析，对输入量和输出量进行分配，如表4-4所示。

表4-4　I/O 分配表

输入量（IN）			输出量（OUT）		
元件代号	功能	输入点	元件代号	功能	输出点
SB1	启动按钮	I0. 0	KM1	红灯 HLR	Q0. 0
SB2	连续按钮	I0. 1	KM2	绿灯 HLG	Q0. 1

2. 编制控制程序

舞台灯光控制程序如图 4 – 10 所示。

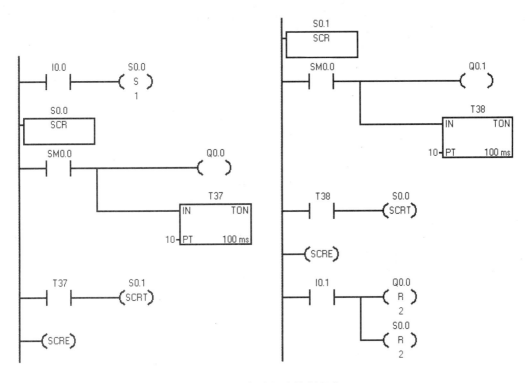

图 4 – 10　舞台灯光控制程序

3. 任务考核

考核评分表如表 4 – 5 所示。

表 4 – 5　考核评分表

实施步骤	考 核 内 容	分值	成绩
接线	拟定接线图，完成各设备之间的连接	10	
编程	编程并录入梯形图程序，编译、下载	10	
调试及故障排除	调试：PLC 处于 RUN 状态，闭合开关 SA 故障排除：逐一检查输入和输出回路 说明：①能准确完成软、硬件联调，显示正确结果 ②若结果错误，能找出故障点并解决	20	
成果演示		10	
总评成绩		50	

【知识链接】

用单序列顺序控制程序编写任务一内容

1. 实现图4-5功能（图4-11）

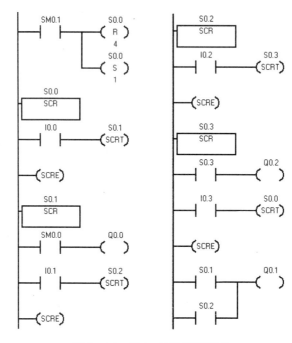

图4-11　图4-5的控制程序

2. 自动装车上料车（图4-12）

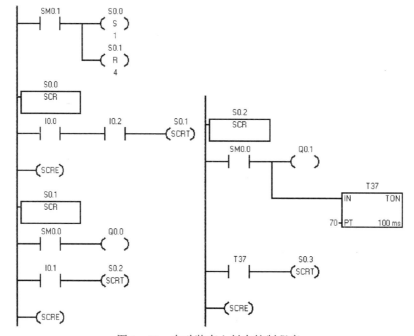

图4-12　自动装车上料车控制程序

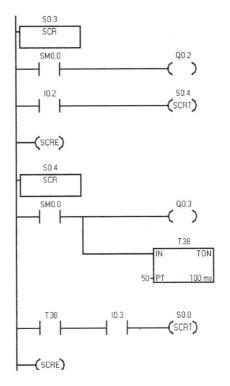

图4-12 自动装车上料车控制程序（续图）

 【思考与练习】

（1）简述 SCR 的编程体会。

（2）程序开头的复位操作有什么重要意义？

（3）对"舞台灯光控制"进行扩展设计：有红、绿、黄3组色灯，每一组包括安装在不同位置的3个相同的色灯，控制要求为红灯组先亮，2 s 后绿灯组亮，再过3 s 黄灯组亮，三色灯组全亮1 min 后全灭，2 s 后红灯又亮，……，如此循环。用 SCR 指令编制梯形图程序。

 【做一做】

实验题目：单序列交通灯控制，如图4-13所示。

实验目的：进一步熟悉和正确使用单序列 SCR 编程。

实验要求：

1）控制要求

信号灯受一个启动开关控制，当启动开关接通时，信号灯系统开始工作，且先南北红灯亮，东西绿灯亮。当启动开关断开时，所有信号灯都熄灭。

南北红灯亮维持25 s，在南北红灯亮的同时东西绿灯也亮，并维持20 s。到20 s时，东西绿灯闪亮，闪亮3 s后熄灭。在东西绿灯熄灭时，东西黄灯亮，并维持

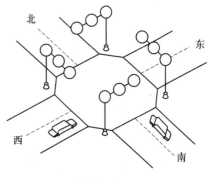

图4-13

2 s。到 2 s 时，东西黄灯熄灭，东西红灯亮，同时，南北红灯熄灭，绿灯亮。

东西红灯亮维持 30 s。南北绿灯亮维持 25 s，然后闪亮 3 s 后熄灭。同时南北黄灯亮，维持 2 s 后熄灭，这时南北红灯亮，东西绿灯亮，周而复始。

2）考核要求

（1）画出交通信号灯时序状态示意图。

（2）画出交通灯控制的顺序功能图。

（3）完成 PLC I/O 端口分配和外部接线图。

（4）完成十字路口交通信号灯 PLC 控制梯形图编程。

（5）程序输入及调试，达到设计要求。

任务三　交通灯 PLC 控制系统的设计

【任务目标】

（1）掌握并行序列顺序控制继电器指令的应用。

（2）运用并行序列法编制梯形图。

（3）进一步熟悉 PLC 程序设计方法。

【任务分析】

交通灯控制系统的设计大家都已不陌生，在这个任务中准备用并行序列来进行新的设计。在这个程序中，南北信号灯与东西信号灯是同时发生的两个进程，用并行序列设计顺理成章。图 4－14 给出交通灯的顺序功能图，请完成程序设计任务并连线调试。

【背景知识】

一、并行序列结构顺序功能图

并行序列结构的顺序功能图包括并行序列的分支和并行序列的合并。

1. 并行序列的分支

并行序列开始是指当转换条件满足后，使后面跟着的多个序列步同时被激活，这些序列称为并行序列。为了强调多个转换条件是同一个转换条件，所以只能标在双水平线之上。并行序列被激活后每个序列活动步的进展是独立的。在图 4－15（a）中，当步 2 是活动步时，若条件 a 满足，步 3、步 4、步 5 同时变成活动步。

2. 并行序列的合并

并行序列合并是指处在水平线以上要合并的几个当前步均为活动步且转换条件满足时，同时转换到同一个步上。同样，由于转换条件是同一个转换条件，所以只能标在双水平线之下。在图 4－15（b）中，当步 6、步 7、步 8 均为活动步时，若条件 b 满足，才会发生步 6、步 7、步 8 同时向步 9 的转换，即步 6、步 7、步 8 变为不活动步，而步 9 为活动步。

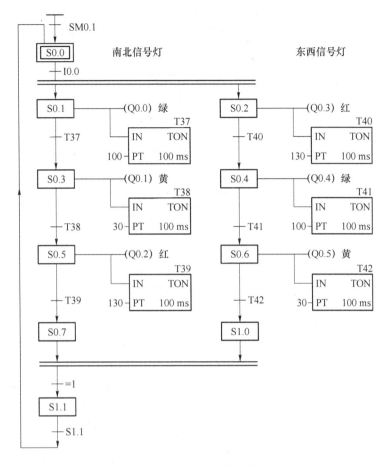

图4-14　交通灯顺序功能图

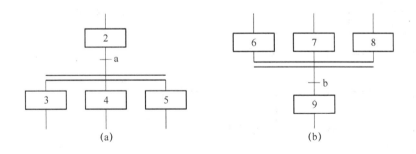

图4-15　并行序列结构的顺序功能图

（a）并行序列的分支；（b）并行序列的合并

二、并行序列结构顺序功能图示例

1. 并行顺序功能图

并行顺序功能图示例如图4-16所示。

2. 对应并行顺序功能图的梯形图

图4-16对应并行顺序功能图的梯形图如图4-17所示。

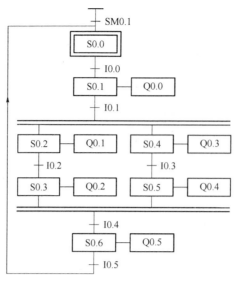

图4-16 并行顺序功能图示例

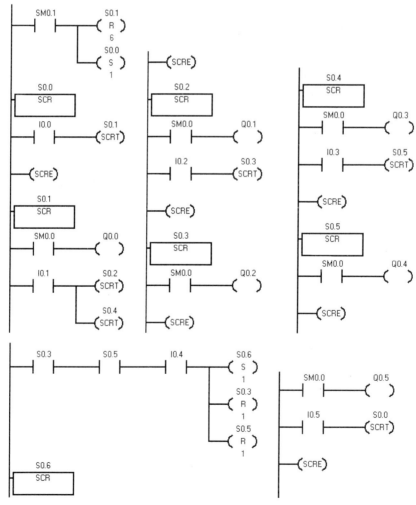

图4-17 对应并行顺序功能图的梯形图

【任务实施】

1. I/O 点分配

根据任务分析，对输入量和输出量进行分配，如表 4-6 所示。

表 4-6 I/O 分配表

输入量（IN）			输出量（OUT）		
元件代号	功能	输入点	元件代号	功能	输出点
SA	启/停按钮	I0.0	HL1	南北绿	Q0.0
			HL2	南北黄	Q0.1
			HL3	南北红	Q0.2
			HL4	东西红	Q0.3
			HL5	东西绿	Q0.4
			HL6	东西黄	Q0.5

2. 编制控制程序

交通灯控制系统的梯形图如图 4-18 所示。

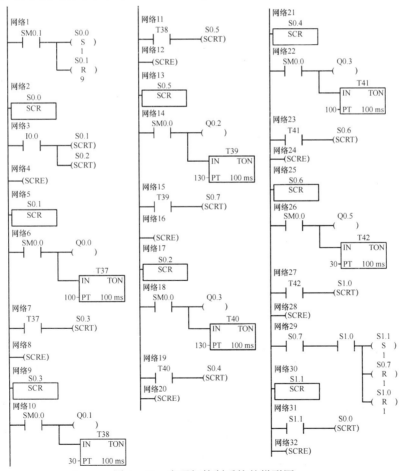

图 4-18 交通灯控制系统的梯形图

3. 任务考核

考核评分表如表 4 – 7 所示。

表 4 – 7 考核评分表

实施步骤	考 核 内 容	分值	成绩
接线	拟定接线图，完成各设备之间的连接	10	
编程	编程并录入梯形图程序，编译、下载	10	
调试及故障排除	调试：PLC 处于 RUN 状态，闭合开关 SA 故障排除：逐一检查输入和输出回路 说明：①能准确完成软、硬件联调，显示正确结果 ②若结果错误，能找出故障点并解决	20	
成果演示		10	
总评成绩		50	

【知识链接】

顺序控制

顺序控制在工业生产控制中经常出现，编程方式多种多样，这里介绍两种不同的设计方式。

1. 定时器进行顺序控制

（1）控制要求。按下启动按钮（I0.0），Q0.0 得电；Q0.0 得电 3 s 后，Q0.1 得电，3 s 后 Q0.2 得电；再经过 3 s，Q0.0 得电。如此循环下去，直到按下停止按钮（I0.1），Q0.0 ~ Q0.2 全部失电。

（2）顺序控制程序，如图 4 – 19 所示。

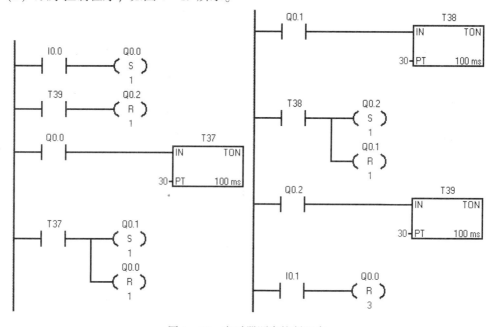

图 4 – 19　定时器顺序控制程序

2. 计数器进行顺序控制

（1）控制要求。按下启动按钮（I0.0），Q0.4 得电；再按下启动按钮，Q0.3 得电；第 3 次按下启动按钮，Q0.2 得电；第 4 次按下启动按钮，Q0.1 得电；第 5 次按下启动按钮，Q0.1 断电。这样可以进行下一轮的循环控制。

（2）顺序控制程序，如图 4 – 20 所示。

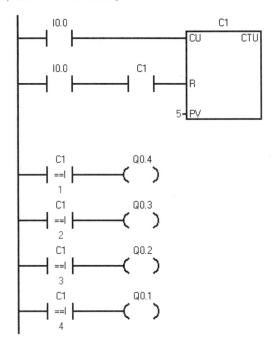

图 4 – 20　计数器顺序控制程序

【思考与练习】

（1）并行序列功能图适用于什么具体情况？

（2）交通灯控制程序采用单序列和并行序列进行设计，在实际应用中哪种更适合？

（3）在上面实验程序的基础上编写程序，实验要求如下。

若某条传送带发生故障，则该传送带及其前面的传送带立即停止，以后的传送带依次延时 5 s 停止。例如，YM2 故障，YM1、YM2 立即停止，延时 5 s 后，YM3 停止，再延时 5 s，YM4 停止。

【做一做】

实验题目：四节传送带模拟实验。

实验目的：进一步熟悉和正确使用单序列 SCR 编程。

实验内容：利用 PLC 控制四节传送带的运行。传送系统由 4 条传送带构成，YM1、YM2、YM3、YM4 分别模拟传送带 1、传送带 2、传送带 3、传送带 4，并由 4 台电动机带动，控制要求如下。

（1）给一个"启动"脉冲，启动最末一条传送带（即第4条传送带），依次延时5 s，启动其他传送带。

（2）给一个"停止"脉冲，停止最前一条传送带（即第1条传送带），依次延时5 s，停止其他传送带。

实验步骤：

（1）根据实验原理列出I/O分配表（表4 – 8）。

表4 – 8 I/O端口分配表

输　入	输　出
启动—I0. 0	YM1—Q0. 1
停止—I0. 1	YM2—Q0. 2
	YM3—Q0. 3
	YM4—Q0. 4

（2）编写实验设计程序，连线并调试程序。

任务四　机械臂分拣装置控制系统设计

 【任务目标】

（1）掌握选择序列顺序控制继电器指令的应用。

（2）运用选择序列法编制梯形图。

（3）掌握复杂功能图的应用。

 【任务分析】

机械手在先进制造领域中扮演着极其重要的角色。它可以搬运货物、分拣物品、代替人的繁重劳动，可以实现生产的机械化和自动化，被广泛应用于机械制造、冶金、轻工等部门。

图4 – 21所示为一台分拣大小球的机械臂装置。要求它的工作过程如下：当机械臂处于原始位置时，即上限位开关SQ1和左限位开关SQ3压下，抓球电磁铁处于失电状态。这时按下启动按钮SB1后，机械臂下行；若碰到下限位开关SQ2后停止下行，且电磁铁得电吸球。如果吸住的是小球，则大小球检测开关SQ为ON；如果吸住的是大球，则SQ为OFF。1 s后，机械臂上行，碰到上限位开关SQ1后右行，它会根据大小球的不同，分别在SQ4（小球）和SQ5（大球）处停止右行，然后下行至下限位停止，电磁铁失电，机械臂把球放在小球箱里或大球箱里，1 s后返回。如果不按停止按钮SB2，则机械臂一直循环工作下去。如果按了停止按钮，则不管何时按，机械臂最终都要停止在原始位置。再次按动启动按钮后，系统可以从头开始循环工作。

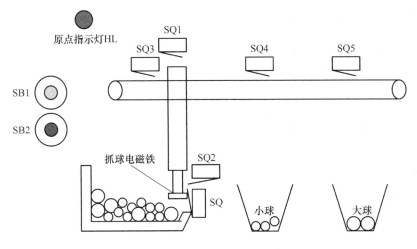

图 4 - 21　机械臂分拣装置示意图

【背景知识】

一、选择序列结构顺序功能图

选择序列结构的顺序功能图包括选择序列的分支和选择序列的合并。

1. 选择序列的分支

选择序列开始是指一个前级步后面紧跟着若干个后续步可供选择，各分步都有各自的转换条件，所以转换条件只能标在水平线以下各自的支路中。执行时，哪个条件满足，则选择相应的分支，一般只允许选择其中的一个分支。在图 4 - 22（a）中，当步 2 是活动步时，若条件 a 满足，则由步 2 转向步 3；若条件 b 满足，则步 2 转向步 4；若条件 c 满足，则由步 2 转向步 5。

2. 选择序列的合并

选择序列结束是指几个选择序列合并到同一个序列上，各个序列上的步在各自的转换条件满足时转换到同一个步。转换条件只允许在水平线以上。在图 4 - 22（b）中，当步 6 为活动步，且条件 d 满足时，则由步 6 转向步 9；当步 7 为活动步时，且条件 e 满足时，则步 7 转向步 9；当步 8 为活动步，且条件 f 满足时，则由步 8 转向步 9。

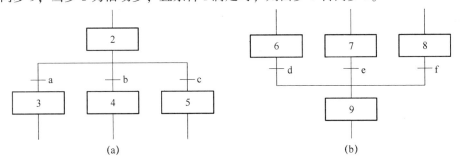

图 4 - 22　选择序列结构的顺序功能图

（a）选择序列的分支；（b）选择序列的合并

二、选择序列结构顺序功能图示例

1. 选择顺序功能图

选择顺序功能图示例如图4－23所示。

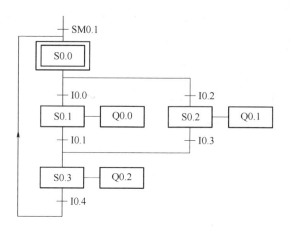

图4－23　选择顺序功能图示例

2. 对应选择顺序功能图的梯形图

图4－23对应的选择顺序功能图。梯形图如图4－24所示。

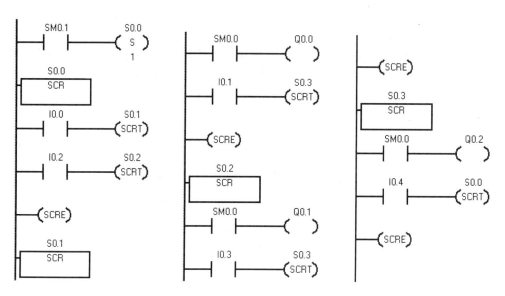

图4－24　选择顺序功能图示例

 【任务实施】

1. I/O 点分配

根据任务分析，对输入量和输出量进行分配，如表4－9所示。

表4-9 I/O分配表

输入量（IN）			输出量（OUT）		
元件代号	功能	输入点	元件代号	功能	输出点
SB1	启动按钮	I0.0	HL	原始位置指示灯	Q0.0
SB2	停止按钮	I0.1	K	抓球电磁铁	Q0.1
SQ1	上限位开关	I0.2	KM1	下行接触器	Q0.2
SQ2	下限位开关	I0.3	KM2	上行接触器	Q0.3
SQ3	左限位开关	I0.4	KM3	右移接触器	Q0.4
SQ4	小球右限位开关	I0.5	KM4	左移接触器	Q0.5
SQ5	大球右限位开关	I0.6			
SQ	大小球检测开关	I0.7			

2. 编制控制程序

（1）根据控制要求，编写顺序功能图，如图4-25所示。

（2）对应的梯形图如图4-26所示。

3. 任务考核

考核评分表如表4-10所示。

表4-10 考核评分表

实施步骤	考核内容	分值	成绩
接线	拟定接线图，完成各设备之间的连接	10	
编程	编程并录入梯形图程序，编译、下载	10	
调试及故障排除	调试：PLC处于RUN状态，闭合开关SA 故障排除：逐一检查输入和输出回路 说明：①能准确完成软、硬件联调，显示正确结果 ②若结果错误，能找出故障点并解决	20	
成果演示		10	
总评成绩		50	

 【知识链接】

机械手简介

用于再现人手功能的技术装置称为机械手。机械手是模仿人手的部分动作，按给定程序、轨迹和要求实现自动抓取、搬运或操作的自动机械装置。机械手是最早出现的工业机器人，也是最早出现的现代机器人。

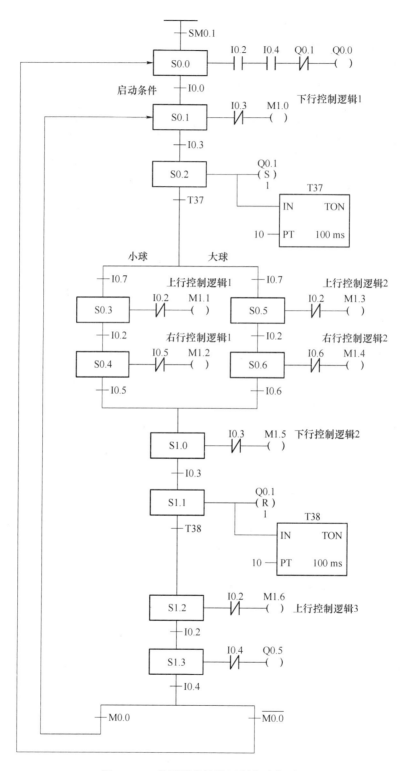

图 4 - 25 机械臂分拣装置顺序功能图

1. 历史

它是在早期出现的古代机器人基础上发展起来的，机械手研究始于 20 世纪中期，随着计算机和自动化技术的发展，特别是自 1946 年第一台数字电子计算机问世以来，计算机取得了惊人的进步，向高速度、大容量、低价格的方向发展。同时，大批量生产的迫切需求推动了自动化技术的进展，又为机器人的开发奠定了基础。另外，核能技术的研究要求某些操作机械代替人处理放射性物质。在这一需求背景下，美国于 1947 年开发了遥控机械手，1948 年又开发了机械式的主从机械手。

2. 构成

机械手主要由手部、运动机构和控制系统三大部分组成。手部工件（或工具）的部件，根据被抓持物件的形状、尺寸、重量、材料和作业要求而有多种结构形式。运动机构，使手部完成各种转动（摆动）、移动或复合运动来实现规定的动作，改变被抓持物件的位置和姿势。运动机构的升降、伸缩、旋转等独立运动方式，称为机械手的自由度。

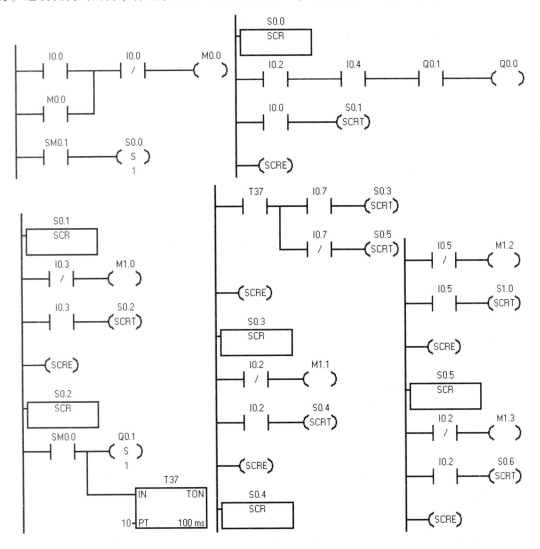

图 4 - 26　机械臂分拣装置梯形图

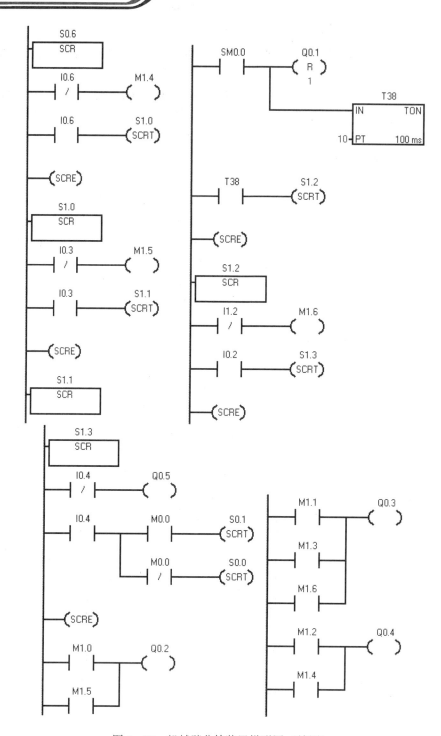

图4－26　机械臂分拣装置梯形图（续图）

3. 分类

机械手的种类，按驱动方式可分为液压式、气动式、电动式和机械式机械手；按适用范围可分为专用机械手和通用机械手两种；按运动轨迹控制方式可分为点位控制和连续轨迹控制机械手等。

【思考与练习】

（1）选择序列和并行序列功能图在具体编程时有哪些不同？

（2）你知道哪些工业机械手臂？

（3）现代工厂为什么需要大量的工业机器人？

【做一做】

实验题目：机械手控制。

实验目的：进一步熟悉和正确使用 SCR 编程。

实验内容：

1）控制对象说明

在机械手的移动过程中，上升/下降和左移/右移的执行用双线圈两位电磁阀推动汽缸完成，当某个电磁阀线圈通电，就一直保持现有的机械动作，例如，一旦下降的电磁阀线圈通电，机械手下降，即使线圈再断电，仍保持现有的下降动作状态，直到相反方向的线圈通电为止。另外，夹紧/放松右单线圈两位电磁阀推动汽缸完成，线圈通电执行夹紧动作，线圈断电时执行放松动作。在移动的过程中，启动和停止取决于位置传感器的输出信号。

此实验模拟机械手移动工件的工作过程，功能为一个将工件由 A 位置传送到 B 位置。按钮开关 K1~K6 用来模拟位置传感器，分别为左下行、左行、左上行、右行、右上行、右下行限位开关，当某个按钮按下时，表示机械手移动到该按钮所在位置。指示灯 L1~L6、LA 和 LB 用来模拟机械手的动作过程，分别为左下行、左上行、右行、右下行、右上行、左行、取工件、放工件，灯亮表示机械手正在执行相应的动作，如图 4-27 所示。

图 4-27 机械手动作示意图

2）控制要求

将一个工件由 A 位置移动到 B 位置，其动作过程按照图 4-27 中由①~⑧的顺序执行，具体过程如下。

（1）按下启动按钮后，机械手由原位开始下行（即指示灯 L1 亮）。

（2）下行到位后（按下按键 K1），机械手夹紧工件（即指示灯 LA 亮）。

（3）2 s 后机械手夹紧工件上行（即指示灯 L2 亮）。

（4）机械手上行到位（按下按键 K3），然后开始右行（即指示灯 L3 亮）。

（5）机械手右行到位后（按下按键 K4），下行（即指示灯 L4 亮）。

（6）机械手下行到位（按下按键 K6）时，松开工件（指示灯 LB 亮）。

（7）2 s 后机械手放好工件开始上行（即指示灯 L5 亮）。

（8）机械手上行到位后（按下按键 K5），开始左行（指示灯 L6 亮）。

（9）左行回到原位后（按下按键 K2）。

（10）按照以上（1）～（9）的步骤循环，直到按下停止按钮，机械手工作结束。

3. I/O 端口分配表

根据实验原理列出 I/O 分配表（表 4-11），并根据分配表编写实验程序。

表 4-11　I/O 分配表

输　　入	输　　出
启动—I0.0	L1—Q0.0
停止—I0.7	L2—Q0.1
K1—I0.1	L3—Q0.3
K6—I0.2	L4—Q0.6
K2—I0.3	L5—Q0.5
K5—I0.4	L6—Q0.4
K3—I0.5	LA—Q0.2
K4—I0.6	LB—Q0.7

项 目 五

PLC控制系统应用

应用程序的设计是 PLC 控制系统设计的核心，要设计好 PLC 的应用程序，首先必须充分了解被控对象的情况，如生产工艺、技术特性、工作环境及其对控制的要求等。据此，设计出 PLC 控制系统，包括设计出控制系统图、选出合适的 PLC 型号、确定 PLC 的输入器件和输出执行器、确定接线方式等。为了很好地掌握 PLC 应用程序设计的基本步骤、方法和技巧，下面分 4 个任务来进行学习。

任务一　电动机的启保停控制

 【任务目标】

（1）了解局部变量和子程序的基本概念，熟悉子程序的特点。

（2）掌握子程序的创建和调用方法。

（3）进一步熟悉电动机的控制。

 【任务分析】

电动机连续运转控制线路如图 5 - 1 所示，该线路可以控制电动机连续运转，即可以对电动机进行启动、保持和停止操作。这个电路在"电工电子技术"课程里的电机控制部分的学习中，大家都已经很熟悉了。

利用 PLC 来完成上述控制，也不是复杂的事。本任务是要求创建一个子程序，用主程序调用子程序的方式完成电动机启保停控制。

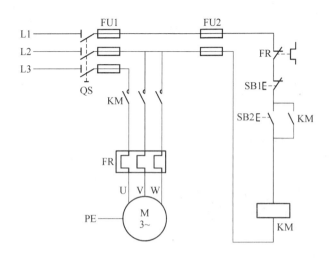

图 5 – 1　连续运转控制线路

【背景知识】

一、局部变量表

1. 局部变量和全局变量

在 SIMATIC 符号表或 IEC 的全局变量表中定义的变量为全局变量。程序中的每个 POU（Program Organizational Unit，程序组织单元）均有自己的由 64 字节 L（Local，局部）存储器组成的局部变量表。它们用来定义有使用范围限制的变量，局部变量只在它被创建的 POU 中有效。与之相反，全局符号在各 POU 中均有效，只能在符号表中定义。

2. 局部变量的优点

（1）如果在子程序中尽量使用局部变量，不使用绝对地址或全局符号，因为与其他 POU 几乎没有地址冲突，可以很方便地将子程序移植到其他项目。

（2）如果使用临时变量（TEMP），同一片物理存储器可以在不同的程序中重复使用。

（3）局部变量可以在子程序和调用它的程序之间传递输入参数和输出参数。

3. 局部变量的类型

TEMP（临时）型：是局部存储变量，只能用于子程序内部暂时存储中间运算结果，不能用于传递参数，即只有在执行该 POU 时，定义的临时变量才被使用，POU 执行完后，不再保存临时变量的值。主程序和中断程序的局部变量表只有临时变量。子程序的局部变量表中还有下面 3 种变量：

（1）IN（输入）型。将指定位置的参数传入子程序。如果参数是直接寻址（如 VB10），在指定位置的数值被传入程序。如果参数是间接寻址（如 * AC1），用指针指定的地址的值被传入子程序。如果参数是数据常量（如 16#1234）或地址（如 &VB100），常量或地址的值被传入子程序。

（2）IN/OUT（输入/输出）型。将指定参数位置的数值传入子程序，并将子程序的执行结果的数值返回至相同的位置。IN/OUT 型的参数不允许使用常量（如 16#1234）和地址

（如 &VB100）。

（3）OUT（输出）型。将子程序的结果数值返回至指定的参数位置。常量（如 16#1234）和地址（如 &VB100）不允许用作输出参数。

4. 局部变量的地址分配

在局部变量表中赋值时，只需要指定局部变量的类型（如 TEMP）和数据类型（如 BOOL），不能指定存储器地址；程序编辑器自动在局部存储器中为所有局部变量指定存储器位置，起始地址为 LB0，1~8 个连续的位参数分配一个字节，不足 8 位也占一个字节。字节、字和双字值在局部存储器中按字节顺序分配。

二、子程序的编写与调用

S7-200CPU 的控制程序由主函数 OB1、子程序和中断程序组成。STEP 7-Micro/WIN 在程序编辑器窗口里为每个 POU 提供一个独立的页。主程序总是第 1 页，后面是子程序和中断程序。

因为各个 POU 在程序编辑器窗口中是分页存放的，子程序或中断程序在执行到末尾时自动返回，不必加返回指令；在子程序或中断程序中可以使用条件返回指令 CRET。

（一）子程序的作用

通常将具有特定功能且多次使用的程序段作为子程序。主程序用指令决定具体子程序的执行状况。当主程序调用子程序并执行时，子程序执行全部指令直至结束。然后，系统将返回至调用子程序的主程序。子程序用于为程序分段和分块，使其成为较小的、更易于管理的块。在子程序中调试和维护时，通过使用较小的程序块，对这些区域和整个程序简单地进行调试和排除故障。只在需要时才调用程序块，可以更有效地使用 PLC，因为所有的程序块可能无需执行每次扫描。

（二）子程序的创建与调用

子程序在结构化程序设计中是一种方便、有效的工具。S7-200 PLC 的指令系统具有简单、方便、灵活的子程序调用功能。与子程序有关的操作有建立子程序、子程序的调用和返回。

1. 无参子程序调用

1）建立子程序

建立子程序是通过编译软件来完成的，可采用下列方法建立：在"编辑"菜单中选择"插入子程序"命令；在程序编辑器视窗中单击鼠标右键，从弹出的快捷菜单中选择"插入子程序"命令。程序编辑器将从原来的程序组织单元显示进入新的子程序，其底部将出现标志新的子程序的新标签，可以对新的子程序进行编程。

2）子程序的调用和返回

（1）子程序调用指令 CALL，是把程序控制权交与子程序，可以在主程序、另一子程序和中断程序中带参数或不带参数地调用子程序，但是不能在子程序中调用自己（即不允许递归调用）。调用子程序时将执行子程序的全部指令，直到子程序结束，然后控制返回到子程序调用指令的下一个指令。

（2）子程序条件返回指令 CRET，是在使能输入有效时，结束子程序的执行，返回主程序中此子程序调用指令的下一条指令。

使用说明：CRET多用于子程序的内部，由判断条件决定是否调用子程序。

（3）子程序无条件返回指令RET，子程序必须以本指令作结束，由编程软件自动生成（图5-2）。

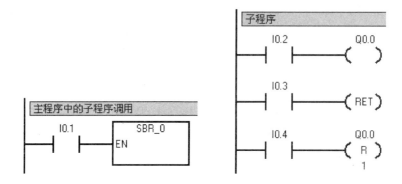

图5-2　子程序调用及子程序返回指令

CPU226的项目最多可以创建128个子程序，其他CPU的项目可以创建64个子程序。如果在子程序的内部又有对另一子程序的调用指令，则称这种调用结构为子程序的嵌套。子程序的嵌套深度最多是8层。

2. 带参数子程序调用

1）带参数子程序的概念及用途

子程序可能有要传递的参数（变量和数据），这时可以在子程序调用指令中包含相应参数，它可以在子程序与调用程序之间传递。子程序中的参数必须有一个符号名（最多为23个字符）、一个变量类型和一个数据类型。子程序最多可传递16个参数。传递的参数在子程序局部变量表中定义，如图5-3所示。

2）数据类型

局部变量表中的数据类型包括能流、布尔（位）、字节、字、双字、整数、双整数和实数型。

能流：能流仅用于位（布尔）输入。能流输入必须用在局部变量表中其他类型输入之前。只有输入参数允许使用。在梯形图中表达形式为用触点（位输入）将左侧母线和子程序的指令盒连接起来，如图5-3中使能输入（EN）和IN1输入使用布尔逻辑。

布尔：该数据类型用于位输入和输出，如图5-3中的IN3是布尔输入。

字节、字、双字：这些数据类型分别用于1、2或4个字节不带符号的输入或是输出参数。

整数、双整数：这些数据类型分别用于2或4个字节带符号的输入或是输出参数。

实数：该数据类型用于单精度（4个字节）浮点数值。

3）建立带参数子程序的局部变量表

在局部变量表输入变量名称、变量类型、数据类型等参数以后，双击指令树中子程序，在梯形图显示区显示出带参数的子程序调用指令盒，如图5-4所示。

4）带参数子程序调用指令格式

对于梯形图程序，在子程序局部变量表中为该子程序定义参数后，将生成客户化调用指令块（图5-4），指令块中自动包含子程序的输入参数和输出参数。

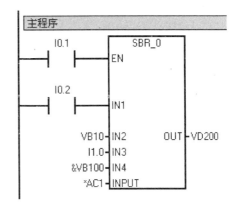

	符号	变量类型	数据类型
	EN	IN	BOOL
L0.0	IN1	IN	BOOL
LB1	IN2	IN	BYTE
L2.0	IN3	IN	BOOL
LD3	IN4	IN	DWORD
LD7	INPUT	IN_OUT	REAL
LD11	OUT	OUT	REAL

图 5-3　局部变量表　　　　　　　　　图 5-4　带参数子程序调用

 注意：在带参数的调用子程序指令中，参数必须与子程序局部变量表中定义的变量完全匹配。参数顺序必须以输入参数开始，其次是输入/输出参数，然后是输出参数。

【任务实施】

1. I/O 点分配

根据任务分析，对输入量、输出量进行分配，如表 5-1 所示。

表 5-1　I/O 分配表

输入量（IN）			输出量（OUT）		
元件代号	功能	输入点	元件代号	功能	输出点
SB2	启动按钮	I0.0	KM	接触器线圈	Q0.0
SB1	停止按钮	I0.1			
	使能控制	I1.0			

2. 创建子程序

在编辑软件中创建一个新的项目，在程序编辑器中打开自动生成的子程序 SBR_0，在局部变量表中生成输入位变量"启动按钮"、"停止按钮"和输出位变量"电动机"，局部变量的建立如图 5-5 所示。

	符号	变量类型	数据类型	注释
	EN	IN	BOOL	
L0.0	启动按钮	IN	BOOL	
L0.1	停止按钮	IN	BOOL	
		IN_OUT		
L0.2	电动机	OUT	BOOL	

图 5-5　局部变量表

编写子程序内容，生成程序时可以输入变量的绝对地址或是符号地址，图 5-6 中局部变量之前的"#"号是编程软件自动添加的，保存在 SBR_0 中。

3. 调用子程序

打开主程序 OB1，在 OB1 中，用 I1.0 的常开触点调用 SBR_ 0，为 SBR_ 0 的 3 个形参指定实参（图 5 - 7）。

图 5 - 6　子主程序 SBR_ 0

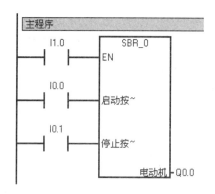

图 5 - 7　主程序 OB1

4. 编译调试程序

（1）用接在 PLC 输入端的小开关使子程序的使能信号 I1.0 为 0 状态，用小开关产生启动按钮和停止按钮信号，观察 Q0.0 的状态变化。

（2）用接在 PLC 输入端的小开关使 I1.0 为 1 状态，用 I0.0 和 I0.1 产生启动按钮和停止按钮信号，观察 Q0.0 的状态是否变化。

（3）打开子程序 SBR_ 0，启动程序状态监控功能，用接在 PLC 输入端的小开关使 I1.0 为 1 状态，用小开关产生启动按钮和停止按钮信号，观察梯形图程序的执行情况。

5. 任务考核

考核评分表如表 5 - 2 所示。

表 5 - 2　考核评分表

实施步骤	考 核 内 容	分值	成绩
接线	拟定接线图，完成各设备之间的连接	10	
编程	编程并录入梯形图程序，编译、下载	10	
调试及故障 排除	调试：PLC 处于 RUN 状态，闭合开关 SA 故障排除：逐一检查输入和输出回路 说明：①能准确完成软、硬件联调，显示正确结果 　　　②若结果错误，能找出故障点并解决	20	
成果演示		10	
总评成绩		50	

【知识链接】

1. 提高 PLC 可靠性的措施

PLC 的使用寿命一般在 40 000~50 000 h 以上，西门子、ABB、松下等微小型 PLC 可达

10万小时以上，而且均有完善的自诊断功能，判断故障迅速，便于维护。PLC为提高自身可靠性采取以下措施。

（1）各输入电路均采用RC滤波器，其滤波时间常数一般为10～20 ms。

（2）I/O接口电路均采用光电隔离措施，使外电路信号与PLC内部电路之间电气隔离。

（3）各模块均采用屏蔽措施，以防止电磁干扰。

（4）对采用的元器件有严格的筛选措施。

（5）采用性能优良的开关电源。

（6）良好的自诊断功能，一旦PLC内部出现异常，其立即报警，严重者立即停止运行。

（7）大型PLC采用多CPU系统，使可靠性进一步增强。

2. PLC布线应注意的问题

（1）PLC应远离变压电源线和高压设备，不能与变压器安装在同一个控制柜内。

（2）动力线、控制线以及PLC的电源线和I/O线应分开布线，并保持一定距离。隔离变压器与PLC和I/O之间应采用双绞线连接。

（3）PLC的输入与输出最好分开走线，开关量与模拟量也要分开敷设。模拟量信号的传送应采用屏蔽线，屏蔽层应一端接地，接地电阻应小于屏蔽层电阻的1/10。

（4）PLC基本单元与扩展单元，以及功能模块的连接线缆应单独敷设，以防止外界信号的干扰。

（5）交流输出线和直流输出线不要用同一根电缆，输出线应尽量远离高压线和动力线，避免并行敷设。

3. PLC是如何实现生产过程监控的

PLC具有自检功能，也可对控制对象进行监控。采用PLC定时器作看门狗，可对控制对象工作情况进行监控，如PLC在生产过程控制某运动机械动作时，看施加控制后动作进行了没有，可用看门狗办法实施监控。具体做法：在施加控制的同时，令看门狗定时器计时，如在规定的时间内动作完成，即定时器未超过定时值情况下，已收到动作完成信号，这时说明生产过程正常，相反若看门狗定时器超时，则报警，说明工作不正常，需做相应处理。如果在生产过程的各个重要环节，均装有看门狗进行实时监控，那么系统的重要环节将在PLC的监控下工作，一旦出现问题，很容易发现是哪个环节，为处理问题提供了诊断手段。

 【思考与练习】

（1）局部变量使用应注意什么问题？

（2）子程序调用一般用于什么场合？

（3）带参数子程序调用应注意哪些问题？

 【做一做】

实验题目：求和子程序的建立与调用。

实验目的：掌握PLC子程序的建立与调用方法。

实验要求：

（1）求V存储区连续的5个字的累加和，图5-8是"求和"子程序的局部变量表。

	符号	变量类型	数据类型	注释
	EN	IN	BOOL	
LD0	POINT	IN	DWORD	地址指针初值
LW4	NUMB	IN	WORD	要求和的字数
		IN_OUT		
LD6	RESULT	OUT	DINT	求和的结果
LD10	TMP1	TEMP	DINT	存储待累加的数
LW14	COUNT	TEMP	INT	循环次数计数器

图 5 – 8　"求和"子程序的局部变量表

（2）主程序内容，如图 5 – 9 所示。

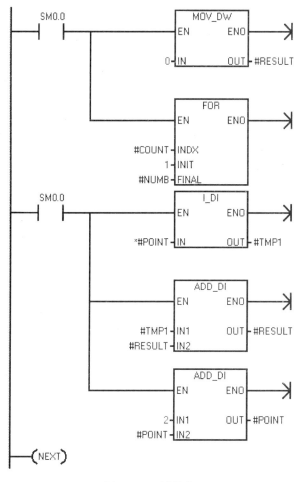

图 5 – 9　主程序

（3）子程序内容，如图 5 – 10 所示。

图 5 – 10　子程序

（4）实验结果：在 VW100 ~ VW108 输入 5 个数，得出实验结果填入表 5 – 3 中。

表 5 – 3 数据记录表

输入数据					输出结果
VW100	VW102	VW104	VW106	VW108	

任务二　彩灯循环控制

【任务目标】

（1）掌握移位寄存器指令的使用方法。
（2）根据彩灯控制过程，准确设计梯形图及 PLC 控制 I/O 接线图。
（3）能熟练完成设计并进行模拟调试。

【任务分析】

彩灯是节日活动常用的装饰方式，本任务要实现的是 8 只彩灯间隔 1 s 依次循环点亮，并要求在任意时刻只有一只彩灯被点亮。

分析控制要求可知，系统的输入量只要设一个按钮对彩灯进行启动控制就可以了。系统的输出信号要求能控制 8 只彩灯，实现其被点亮或是熄灭的状态。

【背景知识】

一、移位指令

1. 普通移位指令

普通移位（shift）指令根据移位方向可以分为左移位和右移位。根据操作数的类型可以分为字节型、字型和双字型移位。表 5 – 4 列出了左移位指令的格式及功能。

表 5 – 4 普通左移指令表

指令名称	梯形图	操作对象
字节左移	SHL_B EN　ENO IN　OUT N	IN 为 VB、IB、MB、SMB、AC、常数等 OUT 为 VB、IB、MB、SMB、AC、常数等 N 为 VB、IB、MB、SMB、AC、常数等

指令名称	梯形图	操作对象
字左移	SHL_W EN ENO IN OUT N	IN 为 VW、IW、MW、SMW、AC、常数 OUT 为 VW、IW、MW、SMW、AC、常数等 N 为 VB、IB、MB、SMB、LB、AC、常数
双字左移	ROL_DW EN ENO IN OUT N	IN 为 VD、ID、MD、SMD、AC、常数等 OUT 为 VD、ID、MD、SMD、AC、常数等 N 为 VB、IB、MB、SMB、AC、常数等

指令使用说明如下。

（1）只要使能端 EN 有效，由 IN 端指定的操作对象中的内容每个扫描周期将左（右）移 N 位，空出的位依次用 0 填充，每次移位的结果送到 OUT 端指定的地址内。

（2）被移位的数据是无符号数。

（3）移位位数 N 为字节型数据，若 N 小于实际数据位数，则一次移 N 位；若 N 大于等于数据实际位数，则每次移动实际的数据位数。

右移指令与左移指令只有移动方向相反，其他则相同，指令名称分别为 SHR_ B，SHR_ W 和 SHR_ DW。

2. 循环移位指令

循环移位（rotate）指令有循环右移位和循环左移位指令，表 5 – 5 所示为循环左移位指令的格式及功能。

表 5 – 5 循环移位指令表

指令名称	梯形图	操作对象
字节循环左移	ROL_B EN ENO IN OUT N	IN 为 VB、IB、MB、SMB、AC、常数、＊AC 等 N 为 VB、IB、MB、SMB、AC、常数、＊AC 等 OUT 为 VB、IB、MB、SMB、AC、常数、＊AC
字循环左移	ROL_W EN ENO IN OUT N	IN 为 VW、IW、MW、SMW、AC、常数等 OUT 为 VW、IW、MW、SMW、AC、常数等 N 为 VB、IB、MB、SMB、AC、常数等
双字循环左移	ROL_DW EN ENO IN OUT N	IN 为 VD、ID、MD、SMD、LD、AC、常数 OUT 为 VD、ID、MD、SMD、LD、AC、常数 N 为 VB、IB、MB、SMB、LB、AC、常数

指令使用说明如下。

（1）只要使能端 EN 有效，由 IN 端指定的操作对象中的内容将循环左移 N 位，并把结果送到 OUT 端。

（2）被移位的数据是无符号数。

（3）移位位数 N 为字节型数据，若 N 小于实际数据长度，则一次移 N 位；若 N 大于等于数据实际长度，则每次移数据的实际长度位。

循环右移指令与循环左移指令只有移动方向相反，其他则相同，指令名称分别为 ROR_ B、ROR_ W 和 ROR_ DW。

3. 移位寄存器指令

在梯形图中，移位寄存器（SHRB）以功能框图的形式编程，它有 3 个数据输入端：DATA 为移位寄存器的数据输入端，S_ BIT 为组成移位寄存器的最低位，N 为移位寄存器的长度。

移位寄存器指令 SHRB 是将 DATA 数值移入移位寄存器。S_ BIT 指定移位寄存器的最低位。N 指定移位寄存器的长度和移位方向（移位加 $= N$，移位减 $= -N$）。移位寄存器的最大长度是 64 位的，可以正也可以负。要注意的是 SHRB 指令移出的每个位是被放置在溢出内存位（SM1.1）中的。

如图 5 - 11 所示，用 I0.2 的上升沿来执行移位寄存器指令，则在一个扫描周期要移动一位，指令中 V100.0 是移位寄存器的最低位，I0.3 里面存的是 0 或 1 的数值，指令指定是移位加的，移位寄存器的长度是 4。结合时序图和移位图看，若 V100 为 0000 0101，因为移

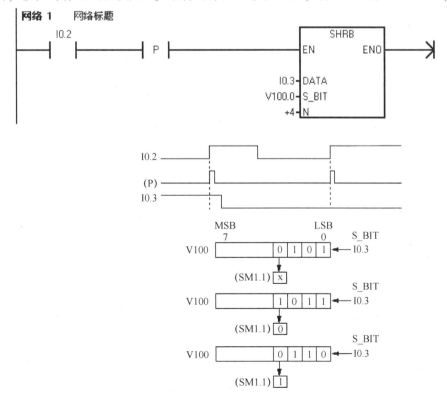

图 5 - 11　移位寄存器指令的应用示例

位寄存器的长度是4，那么只有0101有效，当I0.3为1时，执行第一次移位，把1移到移位寄存器的最低位，把移出的位的值0放置到SM1.1中；I0.2的第二个上升沿到来时，I0.3为0，执行第二次移位，把0移到移位寄存器的最低位，把移出位的值1放置到SM1.1中，即SM1.1为1。

二、循环指令

循环指令为解决重复执行相同功能的程序段提供了极大的方便，优化了程序的结构，由FOR和NEXT指令构成程序的循环体。FOR指令标记循环的开始，NEXT指令为循环体的结束指令。指令格式如图5－12所示。

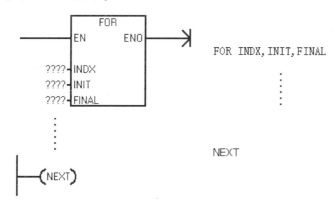

图5－12　循环指令格式

图5－12中，EN为循环允许信号输入端，数据类型为BOOL型；INDX为当前值计数输入端，数据类型为BOOL型；INIT为循环次数初始值输入端，数据类型为INT型；FINAL为循环计数终止值输入端，数据类型为INT型；ENO为功能框允许输出端，数据类型为BOOL型。

FOX和NEXT之间的程序段称为循环体，每执行一次循环体，当前值增1，并且将其结果同终值作比较，如果大于终值则终止循环。

注意：FOR/NEXT指令必须成对使用，循环可以嵌套，最多为8层。

 【任务实施】

1. I/O点分配

根据任务分析，对输入量、输出量进行分配，如表5－6所示。

表5－6　I/O分配表

输入量（IN）			输出量（OUT）		
元件代号	功能	输入点	元件代号	功能	输出点
SB	启动按钮	I0.1	QB0	输出	Q0.0～Q0.7

2. 设计梯形图程序

设计梯形图程序如图5－13所示。

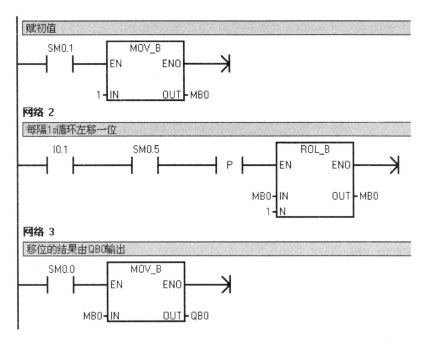

图 5-13　梯形图程序

注意：移位指令的操作数有字节型（8 位）、字型（16 位）和双字型（32 位）。

对于 8 只、16 只、32 只的彩灯可以简单地使用移位指令，但对于其他数量的彩灯（如 10 只），为了保证彩灯不间断地依次点亮，应该在一个点亮周期后重新赋值给操作数。为了设计出花样各异的彩灯点亮方案，赋初值和每次移位的个数和移位方向都是设计者应该考虑的问题。

3. 任务考核

考核评分表如表 5-7 所示。

表 5-7　考核评分表

实施步骤	考核内容	分值	成绩
接线	拟定接线图，完成各设备之间的连接	10	
编程	编程并录入梯形图程序，编译、下载	10	
调试及故障排除	调试：PLC 处于 RUN 状态，闭合开关 SA 故障排除：逐一检查输入和输出回路 说明：①能准确完成软、硬件联调，显示正确结果 ②若结果错误，能找出故障点并解决	20	
成果演示		10	
总评成绩		50	

【知识链接】

创建逻辑网络的规则

1. 放置元件的规则

外部 I/O 继电器、内部继电器、定时器、计数器等器件的接点可多次重复使用，无需用复杂的程序结构来减少接点的使用次数。每个梯形图程序必须符合顺序执行的原则，即从左到右，从上到下地执行，如不符合顺序执行的电路就不能直接编程。

2. 放置触点的规则

每个网络必须以一个触点开始，但网络不能以触点终止。梯形图每一行都是从左母线开始，线圈接在右边，触点不能放在线圈的右边。另外，串联触点可无限次地使用。

3. 放置线圈的规则

网络不能以线圈开始，线圈用于终止逻辑网络。一个网络可有若干个线圈，但要求线圈位于该特定网络的并行分支上。

4. 放置方框的规则

如果方框有使能输出端 ENO，使能位扩充至方框外，这意味着用户可以在方框后放置更多的指令。在网络的同级线路中，可以串联若干个带 ENO 的方框。如果方框没有 ENO，则不能在其后放置任何指令。

5. 网络尺寸限制

用户可以将程序编辑器窗口视作划分为单元格的网格（单元格是可放置指令、参数指定值或绘制线段的区域）。在网格中，一个单独的网络最多能垂直扩充 32 个单元格或水平扩充 32 个单元格。可以用鼠标右键在程序编辑器中单击，并选择"选项"菜单项，改变网格大小（网格初始宽度为 100）。

【思考与练习】

（1）移位指令的基本功能是什么？

（2）若此项目的时间间隔用定时器来实现，程序中用启动按钮启动程序，停止按钮负责停止彩灯的运行，怎样实现这个过程？请编程实现。

（3）利用移位指令设计一个彩灯控制程序，共 9 盏彩灯，每隔 1 s 点亮一盏，全亮后闪烁 3 s 全灭。全灭后重复前面的循环过程，直到按下停止按钮，所有灯全部熄灭。

【做一做】

实验题目：霓虹灯循环控制。

实验目的：进一步熟悉和正确选用移位指令。

实验要求：

1）准备要求

设备：一个按钮 SB1 控制循环的启动和停止，另一个按钮 SB2 控制循环的方向；HL1 ~ HL8 等 8 盏灯。

2）控制要求

能让这组霓虹灯左右单灯循环显示，循环移动周期为 1 s。

3）考核要求

（1）电路设计。列出 PLC 控制 I/O 接口元件地址分配表，设计梯形图及 PLC 控制 I/O 接线图。

（2）程序输入及调试。能操作计算机正确编写程序并输入 PLC，按控制要求进行模拟调试，达到设计要求。

任务三　多台电动机启动控制

【任务目标】

（1）进一步熟悉掌握梯形图指令的应用。

（2）掌握跳转指令的输入应用。

（3）了解特殊标志存储器 SMB4 和 SMB5 的功能。

【任务分析】

3 台电动机 M1 ~ M3，具有以下两种启停工作方式。

（1）手动操作方式：分别用每个电动机各自的启停按钮控制的启停状态。

（2）自动操作方式：按下启动按钮，M1 ~ M3 每隔 5 s 依次启动；按下停止按钮，M1 ~ M3 同时停止。

【背景知识】

一、跳转及标号指令

在程序执行时，由于条件的不同，可能会产生一些分支，这时就需要用跳转操作来实现。

跳转指令包括跳转指令 JMP 和标号指令 LBL。当条件满足时，跳转指令 JMP 使程序转到对应的标号 LBL 处，标号指令用来表示跳转的目的地址。表 5 - 8 所列为跳转及标号指令梯形图及功能。

表 5 - 8　跳转及标号指令表

指令名称	STL	LAD	功　能
跳转指令	JMP　n	——(JMP) n	条件满足时，程序跳转到标号处执行
标号指令	LBL　n	—[LBL] n	标记跳转目的地的位置（n）

使用说明如下。

（1）跳转及标号指令必须配合使用，同时必须在同一程序中使用。例如，不能从主程序跳转到子程序或中断程序，同样不能从子程序或中断程序跳出。

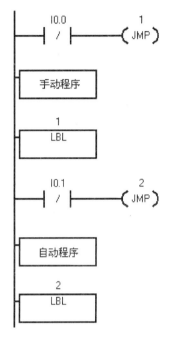

图5-14 跳转及标号指令示例

（2）执行跳转指令后，被跳过的程序段中的各元件的状态如下。

① Q、M、S、C等元器件的位保持跳转前的状态。

② 计数器C停止计数，当前值存储器保持跳转前的计数值。

③ 定时器：分辨率1 ms和10 ms的定时器可按时计数，但是100 ms的定时器则被跳过，没有按时计数。

（3）操作数n：常数0~255，数据类型为WORD。

跳转指令可以使PLC编程的灵活性大大提高，使主机可根据对不同条件的判断，选择不同的程序段执行程序，在工业现场控制中常用于操作方式的选择。

如图5-14所示，当操作方式选择开关位置使输入继电器I0.0线圈得电、I0.1线圈失电时，梯形图中的I0.0动断触点断开，I0.1动断触点闭合，程序的执行过程为只执行手动程序，而跳过自动程序不执行；反之，当操作方式选择开关的位置使输入继电器I0.0线圈失电、I0.1线圈得电时，梯形图中的I0.0动断触点闭合，I0.1动断触点断开，程序的执行过程为跳过手动程序不执行，只执行自动程序。用这种程序可以方便、可靠地选择不同的工作方式。

二、结束、停止和看门狗复位指令

1. 结束指令

（1）条件结束指令END：执行条件成立（左侧逻辑值为1）时结束主程序，返回主程序的第一条指令执行。

（2）无条件结束指令MEND：结束主程序，返回主程序的第一条指令执行。

使用说明如下。

（1）在梯形图中，条件结束指令END不能直接连在左侧母线，无条件结束指令直接连在左侧母线，结束指令无操作数。

（2）结束指令只能用于主程序，不能在主程序和中断程序中使用。条件结束指令，用于无条件结束指令之前结束主程序。

（3）使用编程软件编程，软件会在主程序的结尾自动生成无条件结束指令，用户不得输入；否则编译出错。

（4）可以利用程序执行的结果状态、系统状态或外部设置切换条件来调用有条件结束指令，使程序结束。

2. 停止指令

执行停止指令STOP后，PLC从RUN模式进入STOP模式，终止程序运行。

使用说明如下。

（1）STOP指令无操作数。

（2）在中断程序中用此指令后，将中断程序停止，忽略所有中断程序，并继续执行剩余主程序，在当前扫描结束时从RUN模式转换到STOP模式。

3. 看门狗复位程序

PLC内部设置了系统监视定时器（WDT），用于监视扫描周期是否超时，每当扫描到定时器时，定时器复位。定时器设定值一般为100~300 ms，当系统发生故障使扫描周期大于设定值时，发出报警并停止CPU运行，同时复位输出。这种故障称为WDT故障。

如果系统正常运行时，扫描周期超过WDT定时器设定值，可以考虑使用看门狗复位指令WDR重新触发WDT，使它复位。

使用说明如下。

（1）看门狗复位指令WDR无操作数。

（2）使用本指令时应小心，因为循环结构中使用WDR会使扫描周期拖得过长。

（3）终止本次扫描前下列操作过程将被禁止。

① 通信（自由口除外）。

② I/O刷新（立即I/O除外）。

③ 强制刷新。

④ SM位刷新（SM0、SM5~SM29的位不能刷新）。

⑤ 运行时间诊断。

⑥ 中断程序中的STOP指令。

⑦ 10 ms和100 ms定时器对于超过25 s的扫描不能正确地累计时间。

下面举例说明这几个程序指令的用法，如图5-15所示。

STOP：① 由外部开关I0.0直接控制。

② 由SM5.0检查I/O，有错误时执行停止指令。

③ 由SM4.3负责在运行时刻发现编程问题时，执行停止指令。

WDR：由外部触发开关I0.1在上升沿执行WDR指令。

END：由外部触发开关I0.2在满足条件时终止当前扫描周期。

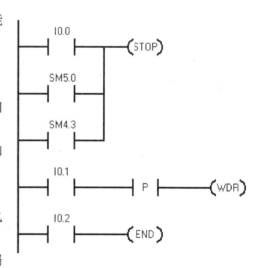

图5-15　结束、停止和看门狗复位指令示例

 【任务实施】

1. I/O点分配

根据任务分析，对输入量、输出量进行分配，如表5-9所示。

表 5 – 9   I/O 分配表

输入量（IN）			输出量（OUT）	
元件代号	功能	输入点	元件代号	输出点
SA	方式选择	I0.0	KM1	Q0.0
SB1	自动启动	I0.1	KM2	Q0.1
SB2	自动停止	I0.2	KM3	Q0.2
SB3	M1 手动启动	I0.3		
SB4	M1 手动停止	I0.4		
SB5	M2 手动启动	I0.5		
SB6	M2 手动停止	I0.6		
SB7	M3 手动启动	I0.7		
SB8	M3 手动停止	I1.0		

2. 设计梯形图

梯形图程序如图 5 – 16 所示。

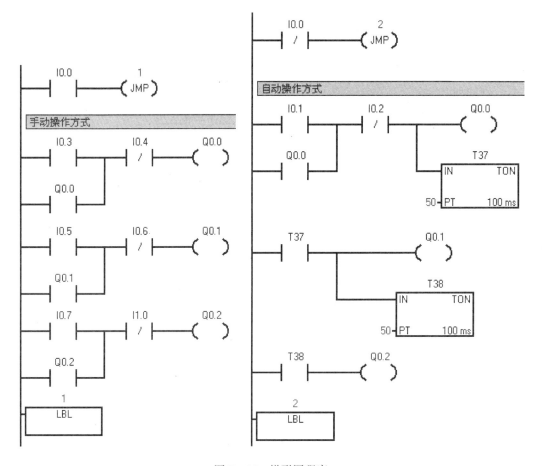

图 5 – 16   梯形图程序

3. 任务考核

考核评分表如表 5 – 10 所示。

表 5 – 10 考核评分表

实施步骤	考 核 内 容	分值	成绩
接线	拟定接线图，完成各设备之间的连接	10	
编程	编程并录入梯形图程序，编译、下载	10	
调试及故障排除	调试：PLC 处于 RUN 状态，闭合开关 SA 故障排除：逐一检查输入和输出回路 说明：①能准确完成软、硬件联调，显示正确结果 ②若结果错误，能找出故障点并解决	20	
成果演示		10	
总评成绩		50	

【知识链接】

特殊标志存储器 SMB4、SMB5 描述见表 5 – 11、表 5 – 12。

表 5 – 11 SMB4 包含中断队列溢出位

SM 位	描　述
SM4.0	当通信中断队列溢出时，将该位置 1
SM4.1	当输入中断队列溢出时，将该位置 1
SM4.2	当定时中断队列溢出时，将该位置 1
SM4.3	在运行时刻，发现编程问题时，将该位置 1
SM4.4	该位指示全局中断允许位，当允许中断时，将该位置 1
SM4.5	当（口 0）发送空闲时，将该位置 1
SM4.6	当（口 1）发送空闲时，将该位置 1
SM4.7	当发生强置时，将该位置 1

表 5 – 12 SMB5 包含 I/O 系统里发现的错误状态位

SM 位	描　述
SM5.0	当有 I/O 错误时，将该位置 1
SM5.1	当有 I/O 总线上连接了过多的数字量 I/O 点时，将该位置 1
SM5.2	当有 I/O 总线上连接了过多的模拟量 I/O 点时，将该位置 1
SM5.3	当有 I/O 总线上连接了过多的智能 I/O 模块时，将该位置 1

续表

SM 位	描　述
SM5.4 ~ SM5.6	保留
SM5.7	当 DP 标准总线出现错误时，将该位置 1

【思考与练习】

（1）跳转指令的用法是什么？

（2）特殊标志存储器 SMB4、SMB5 的功能是什么？

【做一做】

实验题目：流水灯控制。

实验目的：进一步熟悉和正确使用跳转和标号指令。

实验要求：

1）控制要求

（1）彩灯共有两种运行模式，通过控制开关进行选择。

（2）如果选择"模式一"，则合上运行开关后，8 盏彩灯从左向右以 1 s 的间隔逐个点亮，如此循环。

（3）如果选择"模式二"，则合上运行开关后，8 盏彩灯从左向右以 1 s 的间隔逐个点亮，然后再从右向左以 1 s 的间隔逐个点亮，如此反复。

2）考核要求

（1）电路设计。列出 PLC 控制 I/O 接口元件地址分配表，设计梯形图及 PLC I/O 接线图。

（2）程序输入及调试。能操作计算机正确地将程序输入 PLC，按控制要求进行模拟调试，达到设计要求。

任务四　计算器功能的实现

【任务目标】

（1）学习 PLC 的算术运算指令。

（2）学习 PLC 数学函数指令。

（3）学习中断及其使用方法。

【任务分析】

用 PLC 编写程序模拟计算器的运算功能。要求能实现加法、减法、乘法、除法运算功能，同时可以求三角函数的正弦和余弦值，还有求平方根、自然对数的功能。

【背景知识】

一、算术运算指令与数学函数变换指令

1. 算术运算指令

（1）整数与双整数加/减法指令格式如表5－13所示。

表5－13　整数与双整数加/减法指令表

指令名称	整数加法	整数减法	双整数加法	双整数减法
LAD	ADD_I EN　ENO ????—IN1　OUT—???? ????—IN2	SUB_I EN　ENO ????—IN1　OUT—???? ????—IN2	ADD_DI EN　ENO ????—IN1　OUT—???? ????—IN2	SUB_DI EN　ENO ????—IN1　OUT—???? ????—IN2
STL	MOV　WIN1，OUT ＋I　IN2，OUT	MOV　WIN1，OUT －I　IN2，OUT	MOVD　IN1，OUT ＋D　IN2，OUT	MOV　DIN1，OUT －D　IN2，OUT
功能	IN1＋IN2＝OUT	IN1－IN2＝OUT	IN1＋IN2＝OUT	IN1－IN2＝OUT

说明：

① 加法运算的操作。在梯形图中，当允许信号EN＝1时，被加数IN1与加数IN2相加，其结果传送到和OUT中。在语句表中，要先将一个加数送到OUT中，然后把OUT中的数据和IN2中的数据进行相加，并将其结果传送到OUT中。如指定IN1＝OUT，则语句表指令为：＋I　IN2，OUT；如指定IN2＝OUT，则语句表指令为：＋I　IN1，OUT。

② 减法运算的操作。在梯形图表示中，当减法允许信号EN＝1时，被减数IN1与减数IN2相减，其结果传送到减法运算的差OUT中。在语句表中，要先将被减数送到OUT中，然后把OUT中的数据和IN2中的数据进行相减，并将结果传送到OUT中。

例如：求5 000加400的和，5 000在数据存储器VW200中，结果放入AC0，如图5－17所示。

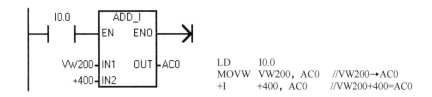

图5－17　加法应用举例

（2）整数乘/除法指令格式，如表5－14所示。

表 5 – 14 整数乘/除法指令表

指令名称	整数乘法	整数除法	双整数乘法	双整数除法	常规乘法	常规除法
LAD	MUL_I ─EN ENO─ ─IN1 OUT─ ─IN2	DIV_I ─EN ENO─ ─IN1 OUT─ ─IN2	MUL_DI ─EN ENO─ ─IN1 OUT─ ─IN2	DIV_DI ─EN ENO─ ─IN1 OUT─ ─IN2	MUL ─EN ENO─ ─IN1 OUT─ ─IN2	DIV ─EN ENO─ ─IN1 OUT─ ─IN2
STL	MOVW IN1, OUT *I IN2, OUT	MOVW IN1, OUT /I IN2, OUT	MOVD IN1, OUT *D IN2, OUT	MOVD IN1, OUT /D IN2, OUT	MOVW IN1, OUT MUL IN2, OUT	MOVW IN1, OUT DIV IN2, OUT
功能	IN1 * IN2 = OUT	IN1/IN2 = OUT	IN1 * IN2 = OUT	IN1/IN2 = OUT	IN1 * IN2 = OUT	IN1/IN2 = OUT

说明：

① 乘法运算的操作。在梯形图表示中，当乘法允许信号 EN = 1 时，被乘数 IN1 与乘数 IN2 相乘，其结果传送到积 OUT 中。在语句表中，要先将被乘数送到 OUT 中，然后把 OUT 中的数据和 IN2 中的数据相乘，并将结果传送到 OUT 中。

整数乘法：两个 16 位整数相乘产生一个 16 位整数的积。

双整数乘法：两个 32 位整数相乘产生一个 32 位整数的积。

常规乘法：两个 16 位整数相乘产生一个 32 位整数的积。

② 除法运算的操作。在梯形图表示中，当除法允许信号 EN = 1 时，被除数 IN1 与除数 IN2 相乘，其结果传送到商 OUT 中。在语句表中，要先将被乘数送到 OUT 中，然后把 OUT 中的数据和 IN2 中的数据进行相除，并将结果传送到 OUT 中。

整数除法：两个 16 位整数相除产生一个 16 位整数的商。

双整数除法：两个 32 位整数相除产生一个 32 位整数的商。

常规除法：两个 16 位整数相除产生一个 32 位整数，其中高 16 位是余数，低 16 位是商。

图 5 – 18 所示为常规乘法和常规除法的应用例子。注意常规乘法和常规除法的结果都存储在 32 位的存储区中。

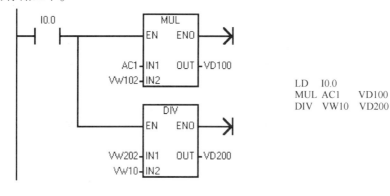

图 5 – 18 乘/除法应用举例

注意：因为 VD100 包含 VW100 和 VW102 两个字，VD200 包含 VW200 和 VW202 两个字，所以在语句表指令中不需要使用数据传送指令。

（3）实数加、减、乘、除指令格式如表 5 - 15 所示。

表 5 - 15 实数加、减、乘、除指令表

指令名称	实数加法	实数减法	实数乘法	实数除法
LAD	ADD_R EN ENO IN1 OUT IN2	SUB_R EN ENO IN1 OUT IN2	MUL_R EN ENO IN1 OUT IN2	DIV_R EN ENO IN1 OUT IN2
STL	MOVD IN1，OUT +R IN2，OUT	MOVD IN1，OUT −R IN2，OUT	MOVD IN1，OUT ＊R IN2，OUT	MOVD IN1，OUT /R IN2，OUT
功能	IN1 + IN2 = OUT	IN1 − IN2 = OUT	IN1 ＊ IN2 = OUT	IN1/IN2 = OUT

说明：

① 实数加/减法。两个 32 位整数相加/减产生一个 32 位整数的和/差。

② 实数乘/除法。两个 32 位整数相乘/除产生一个 32 位整数的积/商。

实数运算应用示例如图 5 - 19 所示。

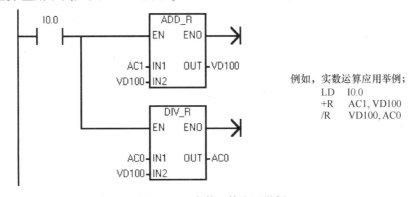

例如，实数运算应用举例：
LD   I0.0
+R   AC1，VD100
/R   VD100，AC0

图 5 - 19　实数运算应用举例

2. 数学函数变换指令

数学函数指令包括平方根、自然对数、指数、三角函数等几个常用的函数指令。除 SQRT 外，数学函数需要 CPU224 1.0 以上版本支持。

（1）平方根、自然对数、指数指令格式及功能如表 5 - 16 所示。

说明：

① 平方根指令 SQRT。是把一个双字长（32 位）的实数 IN 平方，得到 32 位的实数运算结果，通过 OUT 指定的存储器单元输出。

② 自然对数指令 LN。将输入的一个双字长（32 位）实数 IN 的值取自然对数，得到 32 位的实数运算结果，通过 OUT 指定的存储器单元输出。

③ 指数指令 EXP。将一个双字长（32 位）实数 IN 的值取以 e 为底的指数，得到 32 位的实数运算结果，通过 OUT 指定的存储器单元输出。

表 5 – 16 平方根、自然对数、指数指令表

LAD	STL	功能
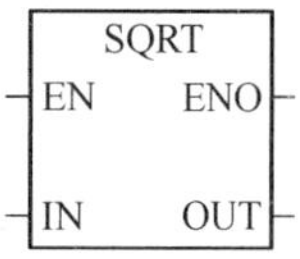 SQRT EN ENO IN OUT	SQRT IN, OUT	求平方根指令 AORT（IN）= OUT
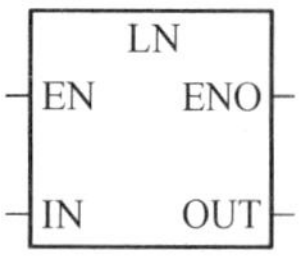 LN EN ENO IN OUT	LN IN, OUT	求（IN）的自然对数指令 LN（IN）= OUT
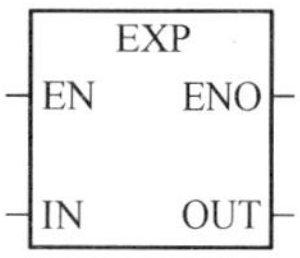 EXP EN ENO IN OUT	EXP IN, OUT	求（IN）的指数指令 EXP（IN）= OUT

（2）三角函数。三角函数指令包括正弦（sin）、余弦（cos）和正切（tan）指令。三角函数指令格式如表 5 – 17 所示，梯形图如图 5 – 20 所示。

表 5 – 17 正弦（sin）、余弦（cos）和正切（tan）指令表

LAD	STL	功能
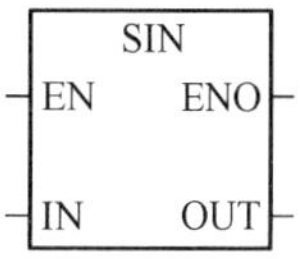 SIN EN ENO IN OUT	SIN IN, OUT	SIN（IN）= OUT
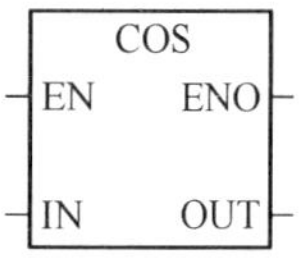 COS EN ENO IN OUT	COS IN, OUT	COS（IN）= OUT
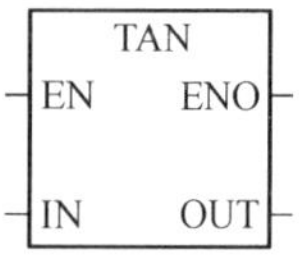 TAN EN ENO IN OUT	TAN IN, OUT	TAN（IN）= OUT

说明：三角函数指令运行时把一个双字长（32 位）的实数弧度值 IN 分别取正弦、余弦、正切，得到 32 位的实数运算结果，通过 OUT 指定的存储器单元输出。

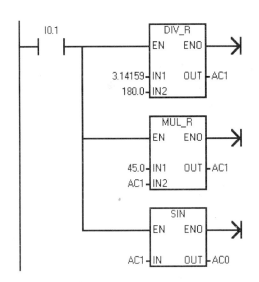

例如，求45°正弦值。梯形图程序如图5-20所示。

```
LD      I0.1
MOVR    3.14159，AC1
/R      180.0，AC1
*R      45.0，AC1
SIN     AC1，AC0
```

图5－20　三角函数应用梯形图

二、中断指令

PLC的CPU在整个控制过程中，有些控制要取决于外部事件。比如，只有外部设备请求CPU发送数据时，CPU才能向这个设备发送数据。这类控制的进行取决于外部设备的请求和CPU的响应，当CPU在接受了外部设备的请求时，CPU就要暂停其当前的工作，去完成外部过程的请求，这种工作方式就叫作中断方式。

在启动中断程序之前，必须使中断事件与发生此事件时希望执行的程序段建立联系。使用中断连接指令（ATCH）建立中断事件（由中断事件号码选定）与程序段（由中断程序号码指定）之间的联系。将中断事件连接于中断程序时该中断自动被启动。

使用中断分离指令（DTCH）可删除中断事件与中断程序之间的联系，因而关闭单个中断事件。中断分离指令使中断返回未激活或被忽略状态。

（一）中断源

1. 中断源的类型

中断源即发出中断请求的事件，又叫中断事件。为了便于识别，系统给每个中断源都分配一个编号，称为中断事件号。S7－200系列PLC最多有34个中断源，分为三大类，即通信中断、I/O中断和时基中断。

1）通信中断

在自由口通信模式下，用户可通过编程来设置波特率、奇偶校验和通信协议等参数。用户通过编程控制通信端口的事件为通信中断。

2）I/O中断

I/O中断包括外部输入上升/下降沿中断、高速计数器中断和高速脉冲输出中断。

S7－200用输入（I0.0、I0.1、I0.2或I0.3）上升/下降沿产生中断。

高速计数器中断指对高速计数器运行时产生的事件实时响应，包括当前值等于预设值时产生的中断、计数方向的改变时产生的中断或计数器外部复位产生的中断。

脉冲输出中断是指预定数目脉冲输出完成而产生的中断。

3) 时基中断

时基中断包括定时中断和定时器 T32/T96 中断。

定时中断用于支持一个周期性的活动。周期时间为 1～255 ms，时基是 1 ms。使用定时中断 0，必须在 SMB34 中写入周期时间；使用定时中断 1，必须在 SMB35 中写入周期时间。将中断程序连接在定时中断事件上，若定时中断被允许，则计时开始，每当达到定时时间值时，执行中断程序。定时中断可以用来对模拟量输入进行采样或定期执行 PID 回路。

定时器 T32/T96 中断指允许对定时时间间隔产生中断。这类中断只能用时基为 1 ms 的定时器 T32/T96 构成。当中断被启用后，当前值等于预置值时，在 S7-200 执行的正常 1 ms 定时器更新的过程中执行连接的中断程序。

(二) 中断的优先级

在 PLC 应用系统中通常有多个中断源。当多个中断源同时向 CPU 申请中断后，要求 CPU 能将全部中断源按中断性质和处理的轻重缓急进行排队，并给予优先级。给中断源指定处理的次序就是给中断源确定中断优先级。SIEMENS 公司将 CPU 规定的中断优先级由高到低依次是通信中断、I/O 中断及定时中断。

(三) 中断控制指令

表 5-18 所示为中断控制指令表。

表 5-18　中断控制指令表

指令名称	中断允许	中断禁止	中断连接	中断分离
LAD	—(ENI)	—(DISI)	ATCH — EN　ENO — — INT — EVNT	DTCH — EN　ENO — — EVNT
STL	ENI	DISI	ATCH　INT, EVNT	DTCH　EVNT
操作数及数据类型	无	无	INT：常量 0～127 EVNT：常量 0～32 INT/EVNT 数据类型：字节	EVNT：常量 0～32 数据类型：字节

说明：

(1) 当进入正常运行 RUN 模式时，CPU 禁止所有中断，但可以在 RUN 模式下执行中断允许指令 ENI，允许所有中断。

(2) 多个中断事件可以调用一个中断程序，但一个中断事件不能同时连接调用多个中断程序。

(3) 中断分离指令 DTCH 禁止中断事件和中断程序之间的联系，它仅禁止某中断事件；全局中断禁止指令 DISI，禁止所有中断。

（四）中断程序

1. 中断程序的概念

中断程序是为处理中断事件而事先编好的程序。中断程序不是由程序调用，而是在中断事件发生时由操作系统调用。在中断程序中不能改写其他程序使用的存储器，最好使用局部变量。中断程序应实现特定的任务，应"越短越好"，中断程序由中断程序号开始，以无条件返回指令（CRETI）结束。在中断程序中禁止使用 DISI、ENI、HDEF、LSCR 和 END 指令。

2. 建立中断程序的方法

方法一：从"编辑"菜单中选择"插入"（Insert）→"中断"（Interrupt）命令。

方法二：从指令树，用鼠标右键单击"程序块"图标，从弹出的快捷菜单中选择"插入"（Insert）→"中断"（Interrupt）命令。

方法三：进入"程序编辑器"窗口并右击，从弹出的快捷菜单选择"插入"（Insert）→"中断"（Interrupt）命令。

程序编辑器从先前的 POU 显示更改为新中断程序，在程序编辑器的底部会出现一个新标记，代表新的中断程序。

例如，编写由 I0.1 的上升沿产生的中断事件的初始化程序。

分析：查表 5-21 可知，I0.1 上升沿产生的中断事件号为 2。所以在主程序中用 ATCH 指令将事件号 2 和中断程序 0 连接起来，并全局开中断。程序如图 5-21 所示。

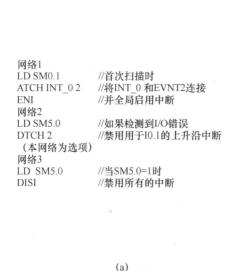

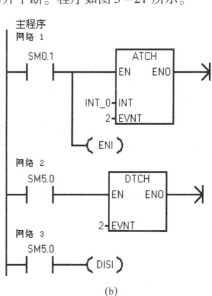

图 5-21 中断程序示例

（a）指令表；（b）梯形图

【任务实施】

1. I/O 点分配

根据任务分析，对输入量进行分配，如表 5-19 所示。

表 5 – 19　输入量分配表

输入量（IN）					
元件代号	功能	输入点	元件代号	功能	输入点
SB1	加法运算	I0.0	SB5	求平方根运算	I0.4
SB2	减法运算	I0.1	SB6	求对数运算	I0.5
SB3	乘法运算	I0.2	SB7	正弦运算	I0.7
SB4	除法运算	I0.3	SB8	余弦运算	I1.0

2. 设计梯形图

梯形图程序如图 5 – 22 所示。

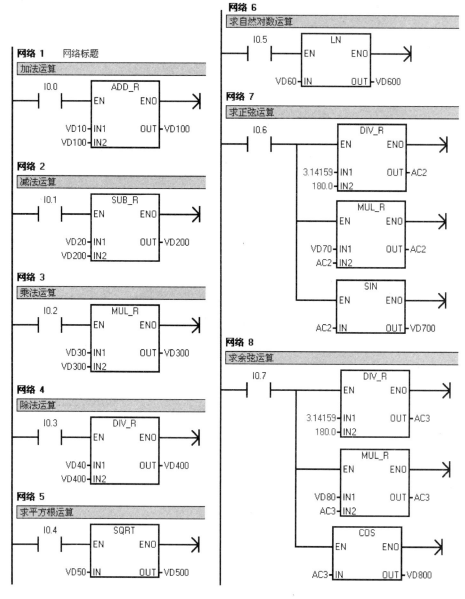

图 5 – 22　梯形图程序

3. 任务考核

考核评分表如表5-20所示。

表5-20 考核评分表

实施步骤	考 核 内 容	分值	成绩
接线	拟定接线图，完成各设备之间的连接	10	
编程	编程并录入梯形图程序，编译、下载	10	
调试及故障排除	调试：PLC处于RUN状态，闭合开关SA 故障排除：逐一检查输入和输出回路 说明：①能准确完成软、硬件联调，显示正确结果 ②若结果错误，能找出故障点并解决	20	
成果演示		10	
总评成绩		50	

 【知识链接】

S7-200系列PLC的中断

S7-200可以引发的中断总共有5大类34项。其中通信口引起的中断事件6项，脉冲指令引起的中断事件2项，输入信号引起的中断事件8项，高速计数器引起的中断事件14项，定时器引起的中断事件4项，具体如表5-21和表5-22所示。

表5-21 中断事件及优先级表

优先级分组	组内优先级	中断事件号	中断事件说明	中断事件类别
通信中断	0	8	通信口0：接收字符	通信口0
	0	9	通信口0：发送完成	
	0	23	通信口0：接收信息完成	
	1	24	通信口1：接收信息完成	通信口1
	1	25	通信口1：接收字符	
	1	26	通信口1：发送完成	
I/O中断	0	19	PTO 0脉冲串输出完成中断	脉冲输出
	1	20	PTO 1脉冲串输出完成中断	
	2	0	I0.0上升沿中断	外部输入
	3	2	I0.1上升沿中断	
	4	4	I0.2上升沿中断	
	5	6	I0.3上升沿中断	
	6	1	I0.0下降沿中断	
	7	3	I0.1下降沿中断	

续表

优先级分组	组内优先级	中断事件号	中断事件说明	中断事件类别
I/O 中断	8	5	I0.2 下降沿中断	
	9	7	I0.3 下降沿中断	
	10	12	ISC0 当前值 = 预置值中断	高速计数器
	11	27	HSC0 计数方向改变中断	
	12	28	HSC0 外部复位中断	
	13	13	HSC1 当前值 = 预置值中断	
	14	14	HSC1 计数方向改变中断	
	15	15	HSC1 外部复位中断	
	16	16	HSC2 当前值 = 预置值中断	
	17	17	HSC2 计数方向改变中断	
	18	18	HSC2 外部复位中断	
	19	32	HSC3 当前值 = 预置值中断	
	20	29	HSC4 当前值 = 预置值中断	
	21	30	HSC4 计数方向改变	
	22	31	HSC4 外部复位	
	23	33	HSC5 当前值 = 预置值中断	
定时中断	0	10	定时中断 0	定时
	1	11	定时中断 1	
	2	21	定时器 T32 CT = PT 中断	定时器
	3	22	定时器 T96 CT = PT 中断	

表 5-22 中断队列的最多中断个数和溢出标志位表

队列	CPU 221	CPU 222	CPU 224	CPU 226 和 226XM	溢出标志位
通信中断队列	4	4	4	8	SM4.0
I/O 中断队列	16	16	16	16	SM4.1
定时中断队列	8	8	8	8	SM4.2

 【思考与练习】

（1）求 [(100 + 200) * 10]/3 为多少？

（2）求 $\sin 65°$ 的函数值。

【做一做】

实验题目：灯闪烁控制。

实验目的：进一步熟悉和正确使用中断指令。

实验要求：编程实现定时中断。

1）控制要求

（1）当连接在输入端I0.1的开关接通时，灯闪烁频率减半。

（2）当连接在输入端I0.0的开关接通时，恢复原有灯的闪烁频率。

2）考核要求

（1）电路设计。列出PLC控制I/O接口元件地址分配表，设计梯形图及PLCI/O接线图。

（2）程序输入及调试。能操作计算机正确地将程序输入PLC，按控制要求进行模拟调试，使之达到设计要求。

附　　录

附录一　西门子 PLC S7－200 的 SIMATIC 指令集简表

布尔指令	
LD　　N	装载（开始的常开触点）
LDI　　N	立即装载
LDN　　N	取反后装载（开始的常闭触点）
LDNI　N	取反后立即装载
A　　N	与（串联的常开触点）
AI　　N	立即与
AN　　N	取反后与（串联的常开触点）
ANI　N	取反后立即与
O　　N	或（并联的常开触点）
OI　　N	立即或
ON　　N	取反后或（并联的常开触点）
ONI　N	取反后立即与
LDBx　N1，N2	装载字节比较结果 N1（x：<，< =，=，> =，>，< > =）N2
ABx　N1，N2	与字节比较结果 N1（x：<，< =，=，> =，>，< > =）N2
OBx　N1，N2	或字节比较结果 N1（x：<，< =，=，> =，>，< > =）N2
LDWx　N1，N2	装载字比较结果 N1（x：<，< =，=，> =，>，< > =）N2
AWx　N1，N2	与字节比较结果 N1（x：<，< =，=，> =，>，< > =）N2
OWx　N1，N2	或字比较结果 N1（x：<，< =，=，> =，>，< > =）N2
LDDx　N1，N2	装载双字比较结果 N1（x：<，< =，=，> =，>，< > =）N2
ADx　N1，N2	与双字比较结果 N1（x：<，< =，=，> =，>，< > =）N2
ODx　N1，N2	或双字比较结果 N1（x：<，< =，=，> =，>，< > =）N2
LDRx　N1，N2	装载实数比较结果 N1（x：<，< =，=，> =，>，< > =）N2
ARx　N1，N2	与实数比较结果 N1（x：<，< =，=，> =，>，< > =）N2
ORx　N1，N2	或实数比较结果 N1（x：<，< =，=，> =，>，< > =）N2
NOT	栈顶值取反
EU	上升沿检测
ED	下降沿检测
＝　N	赋值（线圈）
＝I　N	立即赋值
S　S_ BIT，N	置位一个区域
R　S_ BIT，N	复位一个区域
SI　S_ BIT，N	立即置位一个区域
RI　S_ BIT，N	立即复位一个区域

续表

传送、移位、循环和填充指令	
MOVB　IN，OUT	字节传送
MOVW　IN，OUT	字传送
MOVD　IN，OUT	双字传送
MOVR　IN，OUT	实数传送
BIR　IN，OUT	立即读取物理输入字节
BIW　IN，OUT	立即写物理输出字节
BMB　IN，OUT，N	字节块传送
BMW　IN，OUT，N	字块传送
BMD　IN，OUT，N	双字块传送
SWAP　IN	交换字节
SHRB　DATA，S_ BIT，N	移位寄存器
SRB　OUT，N	字节右移 N 位
SRW　OUT，N	字右移 N 位
SRD　OUT，N	双字右移 N 位
SLB　OUT，N	字节左移 N 位
SLW　OUT，N	字左移 N 位
SLD　OUT，N	双字左移 N 位
RRB　OUT，N	字节右移 N 位
RRW　OUT，N	字右移 N 位
RRD　OUT，N	双字右移 N 位
RLB　OUT，N	字节左移 N 位
RLW　OUT，N	字左移 N 位
RLD　OUT，N	双字左移 N 位
FILL　IN，OUT，N	用指定的元素填充存储器空间
逻辑操作	
ALD	电路块串联
OLD	电路块并联
LPS	入栈
LRD	读栈
LPP	出栈
LDS	装载堆栈
AENO	对 ENO 进行与操作
ANDB　IN1，OUT	字节逻辑与
ANDW　IN1，OUT	字逻辑与
ANDD　IN1，OUT	双字逻辑与

逻辑操作	
ORB IN1，OUT	字节逻辑或
ORW IN1，OUT	字逻辑或
ORD IN1，OUT	双字逻辑或
XORB IN1，OUT	字节逻辑异或
XORW IN1，OUT	字逻辑异或
XORD IN1，OUT	双字逻辑异或
INVB OUT	字节取反（1 的补码）
INVW OUT	字取反
INVD OUT	双字取反
表、查找和转换指令	
ATT TABLE，DATA	把数据加到表中
LIFO TABLE，DATA	从表中取数据，后入先出
FIFO TABLE，DATA	从表中取数据，先入先出
FND = TBL，PATRN，INDX	
FND < > TBL，PATRN，INDX	在表中查找符合比较条件的数据
FND < TBL，PATRN，INDX	
FND > TBL，PATRN，INDX	
BCDI OUT	BCD 码转换成整数
IBCD OUT	整数转换成 BCD 码
BTI IN，OUT	字节转换成整数
IBT IN，OUT	整数转换成字节
ITD IN，OUT	整数转换成双整数
TDI IN，OUT	双整数转换成整数
DTR IN，OUT	双整数转换成实数
TRUNC IN，OUT	实数四舍五入为双整数
ROUND IN，OUT	实数截位取整为双整数
ATH IN，OUT，LEN	ASCII 码→十六进制数
HTA IN，OUT，LEN	十六进制数→ASCII 码
ITA IN，OUT，FMT	整数→ASCII 码
DTA IN，OUT，FMT	双整数→ASCII 码
RTA IN，OUT，FMT	实数→ASCII 码
DECO IN，OUT	译码
ENCO IN，OUT	编码
SEG IN，OUT	7 段译码

中断指令	
CRETI	从中断程序有条件返回
ENI DISI	允许中断 禁止中断
ATCH　INT，EVENT DTCH　EVENT	给事件分配中断程序 解除中断事件
通信指令	
XMT　TABLE，PORT RCV　TABLE，PORT	自由端口发送 自由端口接收
NETR　TABLE，PORT NETW　TABLE，PORT	网络读 网络写
GPA　ADDR，PORT SPA　ADDR，PORT	获取端口地址 设置端口地址
高速计数器指令	
HDEF　HSC，MODE	定义高速计数器模式
HSC　N	激活高速计数器
PLS　X	脉冲输出
数学、加1减1指令	
+I　IN1，OUT +D　IN1，OUT +R　IN1，OUT	整数，双整数或实数法 IN1 + OUT = OUT
−I　IN1，OUT −D　IN1，OUT −R　IN1，OUT	整数，双整数或实数法 OUT − IN1 = OUT
MUL　IN1，OUT ∗R　IN1，OUT ∗I　IN1，OUT ∗D　IN1，OUT	整数乘整数得双整数 实数、整数或双整数乘法 IN1 × OUT = OUT
MUL　IN1，OUT /R　IN1，OUT /I　IN1，OUT /D　IN1，OUT	整数除整数得双整数 实数、整数或双整数除法 OUT/IN1 = OUT
SQRT　IN，OUT	平方根
LN　IN，OUT	自然对数
LXP　IN，OUT	自然指数

续表

数学、加1减1指令	
SIN IN, OUT	正弦
COS IN, OUT	余弦
TAN IN, OUT	正切
INCB OUT INCW OUT INCD OUT	字节加1 字加1 双字加1
DECB OUT DECW OUT DECD OUT	字节减1 字减1 双字减1
PID Table, Loop	PID 回路
定时器和计数器指令	
TON Txxx, PT TOF Txxx, PT TONR Txxx, PT	通电延时定时器 断电延时定时器 保持型通延时定时器
CTU Txxx, PV CTD Txxx, PV CTUD Txxx, PV	加计数器 减计数器 加/减计数器
实时时钟指令	
TODR T TODW T	读实时时钟 写实时时钟
程序控制指令	
END	程序的条件结束
STOP	切换到 STOP 模式
WDR	看门狗复位（300 ms）
JMP N LBL N	跳到指定的标号 定义一个跳转的标号
CALL N（N1, …） CRET	调用子程序，可以有 16 个可选参数 从子程序条件返回
FOR INDX, INIT, FINAL NEXT	For/Next 循环
LSCR N SCRT N SCRE	顺控继电器段的启动 顺控继电器段的转换 顺控断电器段的结束

附录二　S7 - 200 系列 CPU 性能参数、操作数范围及寻址范围

附表1　S7 - 200 系列 CPU 性能参数

描述	CPU 221	CPU 222	CPU 224	CPU 226
用户程序大小	2 kW	2 kW	4 kW	4 kW
用户数据大小	1 kW	1 kW	2.5 kW	2.5 kW
输入映像寄存器	I0.0 ~ I15.7	I0.0 ~ I15.7	I0.0 ~ I15.7	I0.0 ~ I15.7
输出映像寄存器	Q0.0 ~ Q15.7	Q0.0 ~ Q15.7	Q0.0 ~ Q15.7	Q0.0 ~ Q15.7
模拟量输入（只读）	—	AIW0 ~ AIW30	AIW0 ~ AIW62	AIW0 ~ AIW62
模拟量输出（只写）	—	AQW0 ~ AQW30	AQW0 ~ AQW62	AQW0 ~ AQW62
变量存储器（V）	VB0.0 ~ VB2047.7	VB0.0 ~ VB2047.7	VB0.0 ~ VB5119.7	VB0.0 ~ VB5119.7
局部变量存储器（L）	LB0.0 ~ LB63.7	LB0.0 ~ LB63.7	LB0.0 ~ LB63.7	LB0.0 ~ LB63.7
位存储器（M）	M0.0 ~ M31.7	M0.0 ~ M31.7	M0.0 ~ M31.7	M0.0 ~ M31.7
特殊存储器（SM）只读	SM0.0 ~ SM179.7 SM0.0 ~ 29.7	SM0.0 ~ SM179.7 SM0.0 ~ 29.7	SM0.0 ~ SM179.7 SM0.0 ~ 29.7	SM0.0 ~ SM179.7 SM0.0 ~ 29.7
定时器范围	T0 ~ T255	T0 ~ T255	T0 ~ T255	T0 ~ T255
记忆延迟 1 ms	T0, T64	T0, T64	T0, T64	T0, T64
记忆延迟 10 ms	T1 ~ T4, T65 ~ T68	T1 ~ T4, T65 ~ T68	T1 ~ T4, T65 ~ T68	T1 ~ T4, T65 ~ T68
记忆延迟 100 ms	T5 ~ T31 T69 ~ T95	T5 ~ T31 T69 ~ T95	T5 ~ T31 T69 ~ T95	T5 ~ T31 T69 ~ T95
接通延迟 1 ms	T32, T96	T32, T96	T32, T96	T32, T96
接通延迟 10 ms	T33 ~ T36 T97 ~ T100	T33 ~ T36 T97 ~ T100	T33 ~ T36 T97 ~ T100	T33 ~ T36 T97 ~ T100
接通延迟 100 ms	T37 ~ T63 T101 ~ T255	T37 ~ T63 T101 ~ T255	T37 ~ T63 T101 ~ T255	T37 ~ T63 T101 ~ T255
计数器	C0 ~ C255	C0 ~ C255	C0 ~ C255	C0 ~ C255
高速计数器	HC0, HC3, HC4, HC5	HC0, HC3, HC4, HC5	HC0, HC3, HC4, HC5	HC0, HC3, HC4, HC5
顺序控制继电器	S0.0 ~ S31.7	S0.0 ~ S31.7	S0.0 ~ S31.7	S0.0 ~ S31.7
累加寄存器	AC0 ~ AC3	AC0 ~ AC3	AC0 ~ AC3	AC0 ~ AC3
跳转/标号	0 ~ 255	0 ~ 255	0 ~ 255	0 ~ 255
调用/子程序	0 ~ 63	0 ~ 63	0 ~ 63	0 ~ 63
中断时间	0 ~ 127	0 ~ 127	0 ~ 127	0 ~ 127
PID 回路	0 ~ 7	0 ~ 7	0 ~ 7	0 ~ 7
通信端口	Port 0	Port 0	Port 0	Port 0, Port 1

附表 2　S7－200 系列 CPU 操作数范围

存取方式	CPU 221	CPU 222	CPU 224、CPU 226
位存取	V0. 0 ~ 2 047. 7	V0. 0 ~ 2 047. 7	V0. 0 ~ 5 119. 7
	I0. 0 ~ 15. 7	I0. 0 ~ 15. 7	I0. 0 ~ 15. 7
	Q0. 0 ~ 15. 7	Q0. 0 ~ 15. 7	Q0. 0 ~ 15. 7
	M0. 0 ~ 31. 7	M0. 0 ~ 31. 7	M0. 0 ~ 31. 7
	SM0. 0 ~ 179. 7	SM0. 0 ~ 179. 7	SM0. 0 ~ 179. 7
	S0. 0 ~ 31. 7	S0. 0 ~ 31. 7	S0. 0 ~ 31. 7
	T0 ~ 255	T0 ~ 255	T0 ~ 255
	C0 ~ 255	C0 ~ 255	C0 ~ 255
	L0. 0 ~ 63. 7	L0. 0 ~ 63. 7	L0. 0 ~ 63. 7
字节存取	VB0 ~ 2 047	VB0 ~ 2 047	VB0 ~ 2 047
	IB0 ~ 15	IB0 ~ 15	IB0 ~ 15
	QB0 ~ 15	QB0 ~ 15	QB0 ~ 15
	MB0 ~ 31	MB0 ~ 31	MB0 ~ 31
	SMB0 ~ 179	SMB0 ~ 179	SMB0 ~ 179
	SB0 ~ 31	SB0 ~ 31	SB0 ~ 31
	LB0 ~ 63	LB0 ~ 63	LB0 ~ 63
	AC0 ~ 3	AC0 ~ 3	AC0 ~ 3
字存取	VW0 ~ 2 046	VW0 ~ 2 046	VW0 ~ 5 118
	IW0 ~ 14	IW0 ~ 14	IW0 ~ 14
	QW0 ~ 14	QW0 ~ 14	QW0 ~ 14
	MW0 ~ 30	MW0 ~ 30	MW0 ~ 30
	SMW0 ~ 178	SMW0 ~ 178	SMW0 ~ 178
	SW30	SW0 ~ 30	SW0 ~ 30
	T0 ~ 255	T0 ~ 255	T0 ~ 255
	C0 ~ 255	C0 ~ 255	C0 ~ 255
	LW62	LW0 ~ 62	LW0 ~ 62
	AC0 ~ 3	AC0 ~ 3	AC0 ~ 3

存取方式	CPU 221	CPU 222	CPU 224、CPU 226
	VD0 ~ 2 044		VD0 ~ 5 116
	ID0 ~ 12	ID0 ~ 12	ID0 ~ 12
	QD0 ~ 12	QD0 ~ 12	QD0 ~ 12
	MD0 ~ 28	MD0 ~ 28	MD0 ~ 28
双字存取	SMD0 ~ 176	SMD0 ~ 176	SMD0 ~ 176
	SD0 ~ 28	SD0 ~ 28	SD0 ~ 28
	LD0 ~ 60	LD0 ~ 60	LD0 ~ 60
	AC0 ~ 3	AC0 ~ 3	AC0 ~ 3
	HC0, 3, 4, 5	HC0, 3, 4, 5	HC0 ~ 5

附表3　操作数寻址范围

数据类型	寻址范围
BYTE	LB, QB, MB, SMB, VB, SB, LB, AC, 常数, *VD, *AC, *LD
INT/WORD	LW, QW, MW, SMW, T, C, VW, AIW, LW, AC, 常数, *VD, *AC, *LD
DINT	LD, QD, MD, SMD, VD, SD, LD, HC, AC, 常数, *VD, *AC, *LD
REAL	LD, QD, MD, SMD, VD, SD, LD, AC, 常数, *VD, *AC, *LD

参 考 文 献

［1］廖常初．S7－200 PLC 基础教程（第 2 版）［M］．北京：机械工业出版社，2009．

［2］王淑英．S7－200 西门子 PLC 基础教程［M］．北京：人民邮电版社，2009．

［3］刘美俊．S7－200 西门子 S7 系列 PLC 的应用与维护［M］．北京：机械工业出版社，2010．

［4］王兆明．电气控制与 PLC 技术［M］．北京：清华大学出版社，2005．

［5］李道霖．电气控制与 PLC 原理及应用［M］．北京：电子工业出版社，2009．

［6］王永华．现代电气控制及 PLC 应用技术［M］．北京：北京航空航天大学出版社，2006．